騙されたあなたにも責任がある

脱原発の真実

小出裕章

GENTOSHA

まえがき

私は「原子力発電所の事故を未然に防ぎたい」「原子力を廃絶させたい」と願いながら、41年間この仕事を続けてきました。しかし、私の願いは届かないまま、とうとう福島第一原子力発電所で事故が起きてしまいました。とても無念です。

この汚染は、これから長い年月にわたって、人々に被曝《ひばく》を与え続けることになると思います。原子力の場にいた一人の人間として、このような**汚れた世界を残してしまったことをお詫《わ》びしたい**気持ちです。とくに若い人たちには申し訳ないと思います。

3・11以降、私は多くの取材を受け、さまざまな場所で講演をしてきました。そのたびに「この汚れた世界の中で、これから私たちがどうやって生きていくべきなのか」という話をみなさんに聞いていただきました。

私の提案はただひとつです。「自己責任を果たそう」ということです。このような汚染を引き起こしてしまった責任に応じて、汚染を引き受けるしかないと思うのです。

たとえば、食べ物の汚染はみなさんも心配でしょう。

みなさんは、まだどこかに汚染されていない食べ物があると、考えたいのかもしれません。しかし、もう、日本中の大地が汚染されてしまいました。コメも野菜もお茶も、みんな汚れてしまいました。汚染の度合いが違うだけで、すべての食べ物が多かれ少なかれ汚れているのです。

この話をすると、いつも多くの方々から非人道的だと非難されます。しかし、私は、この**汚染された食べ物は、大人たちが責任に応じて食べるしかない**と主張しています。そうしなければ、まったく責任のない子どもたちに、汚染の少ない食べ物を与えることができないからです。

もちろん、汚染されたものは、本来、食べてはいけないものです。私も食べたくありませんし、みなさんにも食べさせたくありません。しかし、もう仕方がないのです。子どもたちは、絶対に守らなければいけないからです。

私は「責任に応じて」といいました。みなさんは「自分たちに責任はあるのか?」と思うでしょう。確かにほとんどの国民は、政府の「原子力発電は安全だ」というウソに騙《だま》されただけかもしれません。

しかし「騙されたのだから、責任はない」ということにしてしまえば、また同じように騙されてしまいます。それでは意味がありません。ですから、二度と騙されないために「騙された人には、騙された責任がある」と考えて欲しいのです。

もちろん、一番に責任が重いのは政府や東電だと思います。ですから、私は、**国会の議員食堂や東電の社員食堂は猛烈な汚染食品で献立を作ればいい**と思います。とはいえ、実際には難しいでしょう。

ですから、私は東電が責任を持って、食べ物の汚染の度合いを測定して公表すべきだと主張しているのです。放射性物質は東京電力の所有物です。それを彼らがばらまいたのですから、自分の所有物がどこにあるのかということを、彼らがきちんと測定して知らせるべきだと私は思います。

それがわからなければ、子どもたちに汚染の少ない食べ物を与えることができません。そして、大人は責任に応じて、汚れた食べ物を受け入れるしかないのです。汚染されたがれきの受け入れ問題も同じです。汚染されたがれきは、そもそも東京電力の所有物ですから、東京電力に返すべきだと、私は主張してきました。しかし、現実問題として、それは無理でしょう。であれば、いつまでも福島に放っておくわけにはいきません。

多くの自治体ががれき受け入れの検討をしていますが、実際に受け入れに至っているケースはまだまだ多くありません。住民の理解が得られないのです。がれきも食べ物と同様、日本国民がみんなで受け入れるしかないのです。


繰り返しますが、「騙された人には、騙された責任がある」のです。その象徴的な事実が明らかになりました。アメリカの原子力規制委員会が今年（２０１２年）２月21日に、福島第一原子力発電所の事故に関する会議内容を記した内部文書を公表したのです。３０００ページを超える膨大なものです。

その文書によると、事故５日後の３月16日の会議ではすでに、
・最悪のシナリオでは、３つの原子炉がメルトダウンする
・最終的に格納容器が壊れ、何らかの放射性物質の漏出が起きそうである
・現時点で**米国民の退避範囲は50マイル（約80キロ）が妥当と考える**が、不確実であり拡大する可能性がある
ことなどが指摘されています。

アメリカは事故直後から、事態の深刻さをよく理解し、最悪の事態を想定して自国民の避難をさせようとしたわけです。アメリカがこの最悪の事態を想定した根拠は、日本が提供したデータが基《もと》になっています。つまり、**日本でも同じデータを使っているわけですから、アメリカと同じような判断を下すことはできた**のです。

事実、原子力委員会の近藤駿介委員長は、事故直後に最悪のシナリオを作成していました。そこでは「250キロ圏内は強制避難させるべきだ」としていました。私自身もそう思っていました。

これは、アメリカのいう80キロ圏内よりも相当な広範囲です。つまり「アメリカの判断は緩《ゆる》すぎる、ひょっとしたらもっとひどいことになるのではないか」と私自身、思っていましたし、専門家であれば、誰でもそう思っていたはずです。

しかし、政府はこのシナリオを非公開にしてしまいました。住民のパニックを防ぐことが、一番の重要項目になってしまったのです。被曝を避けるということは二の次にされました。

このとき、日本では避難範囲を3キロといっていました。10キロ圏内が屋内退避でした。その後、避難範囲が20キロ圏内になり、屋内退避は30キロ圏内に広がりました。

この判断には、メルトダウンしている可能性を「認めるのか、認めないのか」が大きく関わっていました。すでに**地震が起きた翌日の3月12日には、1号機の原子炉建屋が吹き飛んでいる**のです。それはすでに、原子炉がメルトダウンしているということを示していました。専門家であれば誰でもわかる事実です。

ですから、アメリカの原子力規制委員会もその段階で、すでにわかっているわけです。3月16日の時点で原子炉のメルトダウンを予測しているのが、その証拠です。しかし、日本政府がメルトダウンを認めたのは5月のことでした。2か月以上経《た》ってようやく認めたのです。

その時点で日本の政府が気づかなかったということはありえません。東京電力が「もう放棄して撤退したい」といったわけですから、事態の深刻さは十分理解していたはずです。結局、それを聞いた菅さんが東京電力に乗り込んで、撤退を許さなかったわけですが、当事者である東京電力が「もう持ちこたえることができない」という判断をしていたのです。

飯舘村は、福島第一原発から約40キロ~50キロ圏内にありますが、猛烈な汚染を受けてしまっていたのです。80キロ圏外に避難していれば、飯舘村の人たちは被曝をしないで済みました。一方で20キロ圏内にある南相馬市の人々は避難をしろといわれて、逃げた先が飯舘村だったのです。飯舘村に逃げてしまったがために、本来なら防げた被曝をしてしまいました。日本政府の判断というか指示の間違いのために、被曝をしてしまった人がたくさん出てしまいました。

私は実は、アメリカという国は大嫌いなのです。しかし、個人的な好みを排除して考えるなら、まだまだアメリカのほうがマトモな国だと思います。

結果的に、**日本政府の誤った判断で、被害は必要以上に拡大**してしまいました。

もちろん、「原発は安全」と騙した側の責任は大きいと思います。しかし、騙された側にも責任があることを理解して欲しいのです。日本はすでに汚染されてしまいました。この事実は、もう変えられません。受け入れるしかないのです。そのことをみなさんも、もう一度考えてみてください。

騙されたあなたにも責任がある　目次

まえがき　3

1 なぜ東電と政府は平気でウソをつくのか

No.01 安定的な冷却を達成!? しかし冷やすべき燃料はすでにない?　18
No.02 千葉にも立ち入り禁止レベル。汚染は首都圏まで広がっている?　25
No.03 4号機は危険な状態が続く。影響は横浜まで及ぶ可能性も?　28
No.04 西日本も汚染されている。文科省は、なぜデータを公表しない?　32

No.05 基準の100万倍！ ストロンチウムが海を汚染している？ 34
No.06 「安全な被曝」はありえない。政府は法律を反古にしている？ 39
No.07 食べ物からの内部被曝だけで「一生涯100ミリシーベルト以内」の根拠は？ 42
No.08 汚染物質は東電に返却すべき？ 48
No.09 福島の除染は事実上不可能。政府のウソに騙されている？ 54
No.10 セシウムは誰のもの？ 東京電力に除染の責任なし？ 57
No.11 汚染がれきの再利用、100ベクレル以下で本当に大丈夫？ 59
No.12 東京や大阪のがれき受け入れ問題。今の方法では住民を守れない？ 61
No.13 福島第一原発はちょうど40年だった。最も危ないのは九電・玄海？ 67
No.14 「溶け落ちた燃料は水につかり、冷やされている」東電の解析結果に根拠なし？ 73
No.15 廃炉の方法はいまだわからず。工程表はバカげている？ 78
No.16 原発を60年まで認める政府。チェルノブイリは運転2年で事故 81

No.17 ▼ 2号機、3号機には、いまだ水蒸気爆発の危険が残る？ ▼▼▼ 85
No.18 ▼「首都圏直下型地震は4年以内に70％」の衝撃 ▼▼▼ 90

2 さらなる放射能拡散の危機は続く

No.19 ▼ 広島原爆の100発分を超える放射性物質が放出された？ ▼▼▼ 92
No.20 ▼ 事故後の「最悪のシナリオ」はなぜ隠ぺいされた？ ▼▼▼ 99
No.21 ▼ 米軍には9日も早くSPEEDIを提供していた？ ▼▼▼ 102
No.22 ▼「個人の責任追及はやめて欲しい」原子力学会はどこまで無責任なのか…… ▼▼▼ 106
No.23 ▼「もう帰れない」ことを国は伝えるべき？ ▼▼▼ 110
No.24 ▼ 津波は3年前から想定されていた？ ▼▼▼ 115

No.25 東電の黒塗りの文書。国も同じことをやっている? 118
No.26 事故は「津波が原因」はウソ。地震で機器が壊れていた? 120
No.27 SPEEDI公表の遅れで余計な被曝をした住民。しかし誰も責任を取らない? 123
No.28 コメ買取りは無意味。福島の東半分は居住も農業も不可? 126
No.29 原子力発電所は、3分の2の熱を海に捨てている? 129
No.30 核分裂は止められても「崩壊熱」は止められない? 132
No.31 原子力の世界は誰も責任を取らないルール? 134
No.32 20ミリシーベルト以下に除染、そこに人を住まわせてはいけない? 136
No.33 アメリカの原発が放出したトリチウム。毒性は低いが危険度は高い? 138
No.34 「SPEEDIは避難の役に立たない」班目発言をどう受け止めればいい? 141

3 汚染列島で生きていく覚悟

No.35 今すぐすべて廃炉にしても生活レベルは落ちない? 146
No.36 原発は電力会社が儲かるだけ。やめれば電気代は下がる? 148
〈参考〉立命館大学大島堅一教授の資料より
大島教授の試算では原子力発電が一番高い 152
No.37 汚染のない食べ物などない。責任に応じて分配すべき? 155
No.38 体内に取り込んだセシウム、そのエネルギーはすべて体内に? 159
No.39 緩すぎるコメの規制基準値。子どもに食べさせて大丈夫? 162
No.40 お茶からも放射性物質。このまま飲み続けて大丈夫? 165
No.41 放射線測定器を買いたい。どうやって選べばいい? 167

No.42 内部被曝の測定は難しい？ 子どもを守るにはどうすれば？ 169
No.43 出荷できないコメは東京電力の社員食堂で食べる？ 171
No.44 粉ミルクからセシウム検出。30ベクレルは安全なの？ 173
No.45 花粉の時期に子どもにマスクを着けさせるべき？ 178
No.46 有機農法よりも化学肥料の野菜のほうが汚染は少ない？ 179
No.47 1兆円使った「もんじゅ」は1キロワットも発電していない？ 181
No.48 福島第二原発の敷地を核のゴミ捨て場にするしかない？ 186
No.49 沖縄国際大学ヘリ墜落事故。そこでも放射能が？ 189
No.50 騙された人間には騙された責任がある 194

装丁　多田和博
装丁写真　松岡広樹
ＤＴＰ　美創
協力　向山勇（ウィット）

1.

なぜ東電と政府は平気でウソをつくのか

No.01

安定的な冷却を達成!?しかし冷やすべき燃料はすでにない?

「冷温停止状態」ってどういうことですか?

原子炉圧力容器が健全で、その中に炉心という部分が残っていて、そこに水を入れながら100度以下にする、というのが冷温停止という概念です。福島第一原子力発電所の事故の収束に向けた作業の工程表では、燃料が圧力容器の中にあるという前提のもとで循環式の冷却回路を作り、何とかそれを達成するというロードマップができたわけです。しかし、**核燃料はメルトスルーして、圧力容器の中にはない可能性が高い**と思います。

もちろん私も、冷温停止を実現して欲しいと思っていましたが、なかなか難しいだろうとも考えていました。そして、2011年5月になって、東京電力は「もう炉心は全部溶けてしまっている」と、「圧力容器も穴が開いてしまっている」と認めたわけです。

つまり、すでに冷温停止などということは、まったくできなくなっている。ロードマップ自体がはじめから意味をなさないという状態になっているわけで、そのことをまず、政府、東京電力が認めて、全面的なやり方の変更をしなければいけなかったと思います。

廃炉になれば、収束といえる?

核燃料を原子炉の中から取り出して、初めて廃炉ができるというのがこれまでの概念でした。しかし、今回の場合はすでに原子炉の中に炉心がないわけです。溶け落ちてしまった核燃料をどうすれば取り出せるのか、ということすら、まったくわからないのです。

1979年に**スリーマイル島原子力発電所で炉心が溶けた事故**がありました。そのときは、幸いに圧力容器そのものは壊れなかったのです。圧力容器の蓋《ふた》を開けてみれば、一度は溶けてしまった炉心がそこにあったのです。ですから、取り出すこともできたのです。しかし今回の場合は、溶けた炉心が圧力容器から下に落ちてしまっているわけですから、もうそれを見ることもできないし、取り出すこともできません。

「溶ける」というのはバターのような状態？

原子力発電に使うウランというのは、瀬戸物の形に焼き固めてあります。ちょっと想像してみてください。茶碗でもお皿でもいいです。その瀬戸物がどろどろに溶けるという状態です。要するに**溶岩のようなもので、高温になって光を発しながら、溶け落ちていく**という状態です。

溶け落ちた土ごと掘り起こしてプールに入れる方法は？

炉の下を掘るということ自体がものすごく危険だと思います。もし、炉心が地面の中にめり込んでいるとすれば、そのめり込んでいる場所で封印するのが一番いいと私

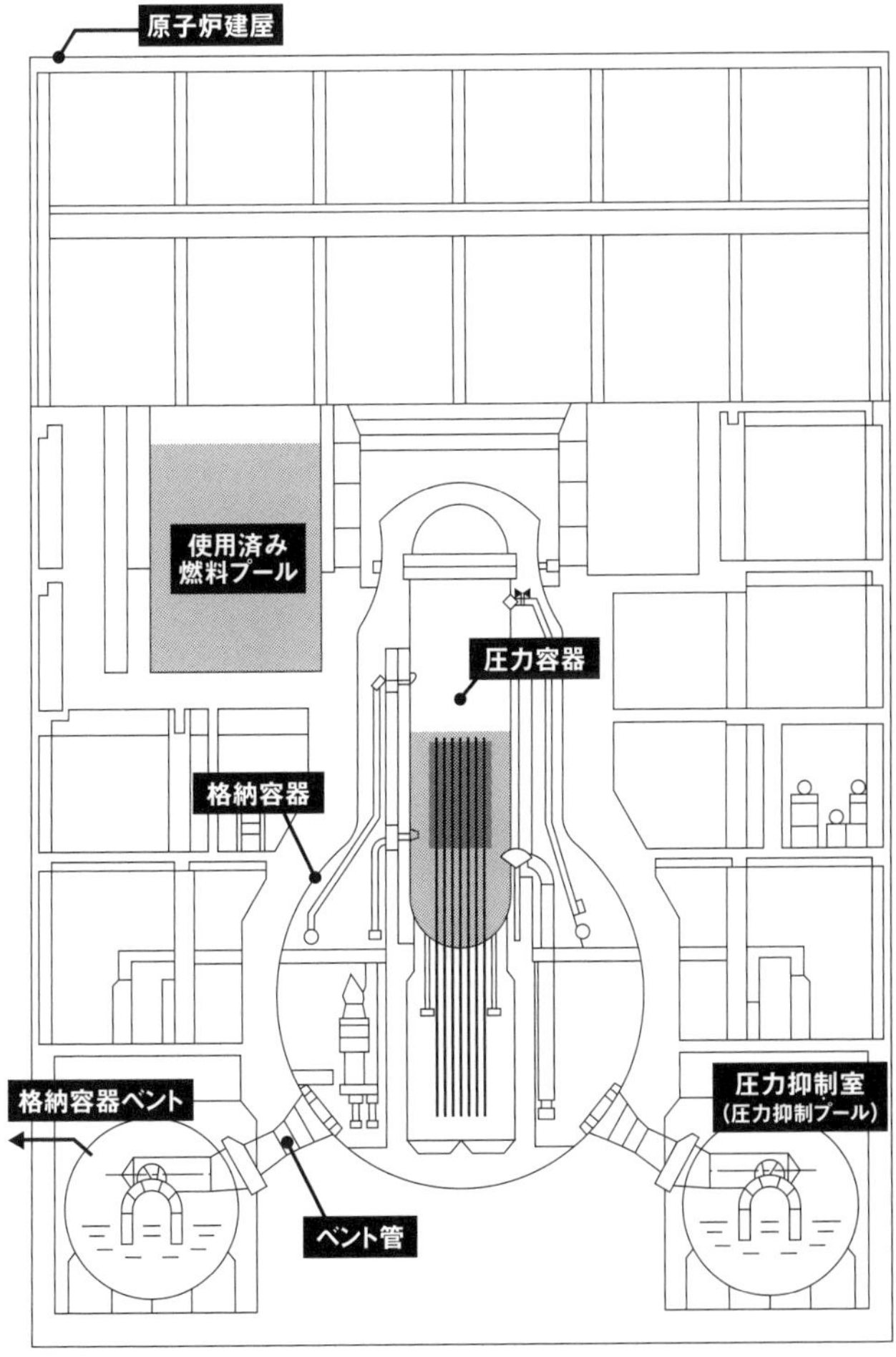
原子炉建屋
使用済み
燃料プール
圧力容器
格納容器
格納容器ベント
圧力抑制室
（圧力抑制プール）
ベント管

は思います。

チェルノブイリの原子力発電所を封印したときもそうしました。チェルノブイリの場合も溶けた炉心は、地下に流れ落ちていたのです。そこを含めて、すべて石棺という形で封じ込めました。

その石棺も25年経って、ボロボロになってしまいました。今また、その**石棺をさらに大きな石棺で覆い、放射能が出ないようにする**ための工事が始まっています。

「達成」「安定」の言葉の意味は？

みなさんにもきちんと考えていただきたいのですが、東京電力と今の日本の政府というのは、今回の事故を起こした最大の責任者、最大の犯罪者なのです。

その両者が何とか事故を小さく見せたいとして、「安定化」であるとか、「ロードマップを達成した」とかいっているわけです。私はそんなものを信用してはいけないと思います。

日本で「廃炉」は達成できる？

できるかどうかということではなく、やらなければいけないのです。それを米国やフランスに頼んだとしても、やるべきことは同じです。要するに人類始まって以来の事故に直面しているわけで、本当にどういうやり方がいいのかよくわからないというのが正しいのです。

もちろん米国とかフランス、イギリス、ロシアでもいいから、専門家の知識を借りるということも大切なことだと思います。ただ、どこの国も経験がないことですから、これだという決定的な方策というのは多分出ないと思います。今のままの原子力村の体制はまったくダメですから、抜本的に改革しなければいけないと思います。

しかし、今やるべきことは決まっているのです。それを一つひとつやっていかなければなりません。

たとえば、**めり込んでいる炉心が地下水と接触することを絶つ**ことです。私が前からいっているのは、地下にバリアーを張るということ。地下ダムという言葉を使う人もいますが、それを実行しなければいけないと思います。

一方で、環境の汚染を防ぐために、溜まっている汚染水を何とか漏れないところに移さなければいけません。このように、とにかく緊急に実行すべきことを一つひとつ積み上げていく、その先にしか、方策は多分見えてこないと思います。

野田総理は事故の収束宣言を出しましたが？

世界から見れば、物笑いになっているだろうと私には思えます。ＩＡＥＡ（国際原子力機関）も非常に疑問だといっています。
ＩＡＥＡ自体は**原子力を進める、世界的な原子力村の総本山**ですから、何とかこれからもやりたいという思惑《おもわく》で動いている組織ですが、そこから見ても、なおかつ日本のやり方がおかしいといっているのです。

No.02

千葉にも立ち入り禁止レベル。汚染は首都圏まで広がっている？

文部科学省が発表したセシウムの蓄積量の地図を見ると、千葉県の一部で1平方メートルあたり3万ベクレルから6万ベクレルとあります。これはどのくらいの数字ですか？

1平方メートルあたり、4万ベクレルを超えるような汚染物は、放射線管理区域の外にあってはいけません。つまり、そこは**管理区域に指定しなければいけない、危険な汚染が千葉県にも及んでいる**ということです。

日本が法治国家だというのであれば、そこは放射線管理区域ですから、私のようなごく特殊な人間以外は立ち入ることすら許さない、としなければいけません。法律を守る限りはそうなります。

汚染地帯に子どもや妊婦を戻す国!?

もちろん千葉県も含め、ほかの地域でも除染が必要になります。1平方メートルあたり、4万ベクレルを超えているところは、もともと人が住んではいけないのですから、当然です。そこに今現在、みなさんが住んでいるわけですから、日本の法律を守ろうとするのであれば、除染する以外にありません。

しかし、ほとんどの人は、この数字に着目していません。科学的な意味でのリスクを認識していないのでしょう。

それは、国が率先して法律破りをしているからです。緊急時避難準備区域に、人々が戻っていいということにしました。そこは1平方メートルあたり4万ベクレルどころではありません。10万ベクレル、20万ベクレルです。そういう**汚染地帯に人が帰ってもいいと、日本の政府が決めた**のです。

4万ベクレルで一般の人は立ち入りさえできないのに、10万ベクレル、20万ベクレルのところに「子どもや妊婦も戻っていいですよ」というのが国の考え方なのです。

国が法律を守るのであれば、千葉県内でも除染をしなければいけないわけですが、そうなれば、どれだけお金がかかるかわかりません。東京電力が「賠償金額は何兆円」という数字を出したという話ですが、実はそんな金額では済みません。何十兆円かかるかわからない、いや**何百兆円かかるかわからない、想像を絶する被害**が本当は生じているのです。

このことは、専門家はわかっているはずです。いわないだけなのです。

No.03

4号機は危険な状態が続く。影響は横浜まで及ぶ可能性も？

原発事故発生後「最悪のシナリオ」が、政府内に存在していたそうです。4号機の使用済み核燃料のプール内にある燃料が溶け、半径250キロの外側（横浜あたり）まで避難が必要になるほどの汚染が生じると想定していたようです。余震が心配される今、4号機はどうなっているのでしょうか？

使用済みの核燃料プールというのは、放射能を閉じ込める最後の防壁である格納容器という容器のさらに外側にあります。つまり放射能を閉じ込めるという防壁に関していえば、何もない場所に、使用済み核燃料プールがあるのです。

そして、4号機の場合には、そのプールの中に、**原子炉の中に通常入っている核燃料の2・5倍の使用済み核燃料**が溜まっています。

4号機の建物は、水素爆発で吹き飛んでいます。この爆発は、非常に変わった形で起きています。1号機も3号機も爆発はオペレーションフロアと私たちが呼ぶ、最上階の部分で起きました。ここは、いわゆる体育館のような天井の高いがらんどうの空間で、そこが吹き飛びました。

しかし、4号機だけはそうではありません。そのがらんどうの部分も吹き飛んでいるし、さらにその下の1階、さらにその下のもう1階分ぐらいのところの建屋が爆発で吹き飛んでいるのです。

つまり、使用済み核燃料プールが埋め込まれている場所が、すでに爆発で破壊されてしまっているわけです。使用済み核燃料プールがいつ崩壊してしまうかわからない、そういう状態が、2011年3月15日でした。

その状態は爆発以降ずっと続いている。今も続いています。ただし、東京電力も、もちろんそのことの重大性に気がついていて、4号機の使用済み核燃料プールを、とにかく崩壊から守ろうとして、耐震補強工事を行いました。

しかし、**猛烈な被曝環境の中で、きちっとした工事をすることは難しい**現場です。そんな状況でも東京電力は、苦闘しながら行ったといっていますが、次に大きな余震が来たとき、4号機の使用済み核燃料プールが本当に壊れないのだろうか、私は不安なのです。

もし壊れてしまえば、政府が2011年3月15日のころに予想したように、250キロ離れたところも、膨大な汚染を受けることになると思います。

余震の規模をマグニチュード7から8に見直す専門家も？

今回の東日本大震災で、ものすごく広範囲の岩盤が崩れているわけです。これからまた、余震は必ず起きると思いますし、**すでに崩れてしまった福島原子力発電所が、大きな余震でまた崩れる**という可能性は、私はかなり高いだろうと思います。

余震が起きて、重大な事故になったらどうすればいい？

4号機の場合には、使用済み核燃料プールの中に原子炉の炉心の中にあった2つ分、あるいは3つ分くらいの使用済み核燃料があるのです。それが格納容器の外側にあるため、その中の放射性物質がすべて大気中に放出されるようなことになれば、現在の10倍を超える汚染が生じる危険があります。

ただし、それは風向きに大きく影響されます。どちらのほうに吹いているかが決定的で、**風が吹いた方向に汚染が広がる**のです。

逃げるときには、自分で情報を常に集めるように注意してください。日本政府は情報をきちんと知らせてくれませんから、そういう事態になったと知ったら、風向きの情報をちゃんと集めて、時と場合によってはすみやかに逃げるということも考えておくほうがいいと思います。

No.04

西日本も汚染されている。文科省は、なぜデータを公表しない？

汚染はどこまで広がっているのでしょう？　西日本の汚染については語られませんが、本当は汚染されているのでしょうか？

当然のことです。

福島県内でいえば、何十万ベクレルというような汚染があるわけです。群馬から長野の県境のあたりで、汚染の程度は低くなっていますが、**1平方メートルあたり、100ベクレルあるいは200ベクレルという数値**は、当然と思わなければいけません。その程度には、西日本も汚れています。

要するに空には、垣根もなければ壁もありません。一度環境に出してしまえば、全世界に広がっていくわけです。西日本に来ないわけはありません。低くても、西日本もやはり汚染を受けてしまったのです。そのことは当然の事実として、受け止めなければいけません。

地球規模でのデータも、もっと早く出すべき?

もちろん、**文部科学省は西日本のデータも、もっと早く出すべき**だったと思います。どうして小出しにするのかがわかりません。

できれば、全国あるいは世界に対して、どの国にどのくらいの汚染を落としたか、ということを、文部科学省としてもいうべきだと思います。

No.05

基準の100万倍！ストロンチウムが海を汚染している？

福島県第一原発に溜まっている汚染水が、45トン漏れていることを東京電力が2011年12月に発表しました。セシウム濃度は1リットルあたり4万5000ベクレルで、基準値の約300倍、ストロンチウムは1億ベクレルほどで、基準値の約100万倍だそうです。海はどうなるのでしょう？

私は、これまでコンクリートの構造物の中に汚染水が溜まっているわけですから、必ず漏れる、といってきました。この汚染水はコンクリートで遮断できるようなものではありません。コンクリートの構造物ではないところに移す以外にない。ですから私は、**タンカーに移してくれと事故発生直後の3月からいっている**のです。

そしてやはり、ひび割れができて、たまたまそれが見えて発覚しました。コンクリートの構造物は、ほとんど地下に埋まっていますので、見えないまま東京電力が知らん顔をしてきたというだけのことなのであって、何を今さらと思います。

今回は45トンといっていますが、10万トンを超えるような汚染水が、コンクリートの構造物、地下のピットとかトレンチとかに、ずっと溜まり続けてきたわけですから、一体どれだけが漏れてしまったのかわかりません。

漏れた総量が最大で220トン?

これは、現在循環式の処理をしているその場所から、何トン漏れたかというだけのことです。もちろん、もっと多い可能性があります。10万トン溜まっている亀裂部分からどんどん漏れてきたのです。
これは**アメリカの西海岸にさえ、届く**かもしれません。一度海を汚染した放射性物質は、どこにでも必ず届きます。

セシウムの濃度が4万5000ベクレル。基準のおよそ300倍？

これはセシウムを浄化する装置を通った後に、なおこれだけの濃度があったわけですから、通る前は猛烈な汚染濃度のセシウムなのです。そのセシウムを浄化する装置では、おそらくゼオライトを通したと思いますが、たとえばストロンチウムという放射性物質はゼオライトにはつきませんので、濃いまま、もうそこを通り抜けて、漏れているということだと思います。

ストロンチウムはセシウムに比べて水に溶けにくいので、海底などに溜まりやすい。どんな放射能も危険なわけですから、セシウムのように水に溶けやすいものは広範囲に汚染が広がり、ストロンチウムのように、水に比較的溶けにくいものは、**土に汚染が溜まり、生き物を汚す**ということになります。

海底には魚も生きていますし、貝類も生きています。そういうものに濃縮してくると思います。

汚染土の海洋投棄を提案する学者も？

海水で腐食せず、高い水圧にも耐えられる容器に汚染された土を入れて、日本近海の水深2000メートル以下に沈めるのがいいのではないか、という意見もあるようですが、まるで、漫画でも読んでいるような気分です。

その人たちは、一体この日本という国の責任をどのように思っているのでしょうか。電気が欲しいからと自分たちがやってきたツケが今、あるわけです。そのツケを海に落としてしまうようなやり方は、私には想像すらできません。

私が提案してよければ、**腐食しない容器に入れて、東京電力の社内や国会議事堂に積み上げて欲しい**と思います。

今現在、福島県を中心として汚染している放射性物質、それが地表を汚染しているわけですが、それを剝《は》ぎ取って海へ捨てたとしても、全体の汚染の5パーセントだといわれています。つまり、もうすでに20倍もの放射性物質を海に流したというわけです。

しかし、そんなことは胸を張っていえるようなことではありません。汚染された土を海に捨てても構わないなどということをどうしていえるのか、私には不思議で仕方がありません。

しかも、**ロンドン条約という国際条約で放射性物質を海に捨ててはいけない**ということになっていますので、実際にはできる道理がありません。

No.06

「安全な被曝」はありえない。政府は法律を反古にしている？

福島県の一部の住民について、事故後４か月間の外部被曝線量を調べたところ、１ミリシーベルト以上の人は約４割、最高値は14・５ミリシーベルトだと、２０１１年12月に発表されました。健康に影響はないのでしょうか？

日本の国は、１年間に20ミリシーベルトを超えるような地域は、強制避難させるけれども、それを下回る地域の人は、避難させないと決めたわけです。避難するのであれば自主的に、つまり勝手にしろ、国家は何の補償もしないと、そういう戦術に出たのです。法律を一切反古《ほご》にしてそうしたのです。

いってみれば、**19・９ミリシーベルトのところでも住み続けていい**ということです。

そこに４か月いれば、それだけで６ミリシーベルトや７ミリシーベルトにはなってしまいます。

そういう汚染範囲が広大に広がっていますし、1年間に10ミリシーベルトというところも広大になっています。いったいどういう人たちを検査したのか、と疑問が残ります。

汚染された場所に1日しかいなかったことにすればもちろん、被曝量は減ります。そうではなく、とり残されている人々がたくさんいるわけですから、そういう人々に対する調査は本当になされているのかを考えれば、大変不安です。

この調査は聞き取りで行われているわけですが「4か月間、どんなふうに行動しましたか?」と、あとになって聞かれても、どれぐらい正確に答えられるでしょうか?

そういう背景のある数字だということを理解して、受け止めなければいけないわけです。すぐに逃げてしまった人ばかりを集めれば、少ない結果になるわけですから。

調査においては、**いつの時点で避難したのか、あるいはずっといたのか**という点、汚染場所にいた時間が決定的になるわけです。それをきちっと網羅して出した数値なのかどうかということが、試算結果の精度・信頼性につながると思います。

この結果を受けて、県民健康管理調査検討委員会の座長の山下俊一さんは「この値からは、健康への影響はないと考えられる」と言っています。山下さんらしいとはいえますが、影響がないということはありません。どんな被曝も健康に影響があります。

そして日本に住む人は、1年間に1ミリシーベルトしか被曝をしてはいけないと決められていたのに、わずか**4か月間に14、15年分の被曝をしてしまった**のですから、それだけ見てもひどい被曝だと思うべきです。

No.07

食べ物からの内部被曝だけで「一生涯100ミリシーベルト以内」の根拠は？

食べ物から被曝する量で健康に影響が出るのは、一生涯で100ミリシーベルト以上が目安だと食品安全委員会が言っているそうです。これはどういう意味でしょうか？

不思議ですね。どうしてこういう結論が出てきたのか、私にはさっぱりわかりません。もともと人間が被曝をして、どういう影響が出るかというのは、広島・長崎の原爆被害者の人たちが一番、大量のデータを提供してくれているわけです。

その人たちの被曝のあり方というのは、むしろ外部被曝という形で、**原爆が爆発したときに、外からの放射線で被曝をした**というのが主要な被曝源になっています。もともとはどんな被害が出るかわからなかったのですが、長い間調べてきたところ、1

シーベルトも浴びていると、何かおかしい被害が出てくる、500ミリシーベルトでも被害が出ている、400でも300でも出ている、100でもやはり被害が出ているといって、どんどん**低い被曝量にして調べていっても、ガンとの相関が見えてきた**のです。

ですから、外部被曝だけで100ミリシーベルト被曝すれば、ガンなどの影響が出るということは、もう歴然とわかっています。これからもっと低い被曝量でも当然、そういう影響が見えてくるだろうというのが現在の学問の到達点なわけです。内部被曝だけで100ミリシーベルトというのは、一体どうやってそういう数字を出してきたのか、私には理解ができません。

1年間20シーベルト以下なら、居住可能の根拠は?

2011年7月の時点では、食品安全委員会のワーキンググループは内部被曝、外部被曝合わせて一生涯で100ミリシーベルトといっていました。これ自体も問題が多いのですが、それは別にしても、さらに基準が甘くなったということになります。

それに今回の答申で食品安全委員会は、「体の外から放射線を受ける可能性は著しく高まらない」と仮定をしています。今、福島の原発事故が起きてセシウムが大問題になっているときにこの仮定自体がおかしな話です。

福島の人たちは今、1年間に20ミリシーベルト以上の被曝をしてしまいます。これは外部被曝です。20ミリシーベルト以上のところは、強制避難をさせられていますが、**19・9ミリシーベルトなら、そこに住んでもいい**といわれているわけです。つまり、1年のうちに20ミリシーベルト近く被曝をしてしまう人たちが、実際にいるのです。そういう人たちがいるにもかかわらず、その仮定をするという神経が私にはよくわかりません。

もう昔の日本ではない、という意味は?

被曝というのは、どんなに少ない被曝でも危険があると思わなければいけません。どこまでなら安全とか、どこまでなら大丈夫というような言い方を私はしたくありません。

ただし、社会的にどこかで線を引かなければいけないということは、やはりあるだろうと思います。それでこれまで日本という国の法律では、1年間に1ミリシーベルト以上の被曝を許さないというルールだったのです。それは内部被曝も外部被曝も合わせて、1年間に1ミリシーベルトです。

ですから、100歳まで生きたとしても、マックスで100ミリシーベルトなのです。これは、みんなが100歳まで生きるということを前提にしています。そんなことはありえないでしょう。

たとえば、**人生80年の人であれば、一生涯の被曝の上限は80ミリシーベルト**です。これを食品安全委員会がいうように100ミリシーベルトにすると、1年間に1・25ミリシーベルトになります。法律で定めた年間1ミリシーベルトと比べて、25％アップです。

これでは基準が緩められかねません。おそらく、基準を緩めるための布石の意味があるのではないでしょうか。

食品安全委員会は、内部被曝だけで100ミリシーベルトまではいいというようなことをいい出しているわけですから、まともな考え方ではないと私は思います。

ただ、1ミリシーベルトなどという基準は、とうの昔に撤廃されているのも事実です。私は「もうすでに3月11日で世界は変わった」と発言している人間ですし、**1年間に1ミリシーベルトという、国の法律を守れないような世界**にすでに変わってしまっているのです。

ですから、そのことを国自身がはっきりといわなければいけないし、国自身が「法律を破らざるをえない」といわなければいけないと思います。

一生涯で100ミリシーベルト。被曝の時期は関係ない？

今回の食品安全委員会の言い分をそのまま導入してしまえば、今年100ミリシーベルト被曝しても、来年以降、食べ物からゼロにすればそれでいい、ということになってしまいます。

これでは、実に身勝手な運用にされてしまうはずです。今さえ乗り切ればいい、と思っているのかもしれません。

ではまた次に事故が起きたら、一体それ以降の被曝はどうするのか、誰が責任を持つのかと、私は心配になります。
若い人や**子どもがいる人は、ますます心配になる**でしょう。決め方自体にやはり、問題があるのです。

No.08

汚染物質は東電に返却すべき?

原発周辺の田畑では、除染をしなくても2年後には放射線量がおよそ4割減るという話です。本当でしょうか?

いずれにしても広範囲の除染は不可能です。しなくてもいいというより、もともとできないのです。田畑の土を剝がしてしまえば、田畑は死んでしまうわけですし、森林などはもともと除染などできません。

ただし、放射性物質というのは、それぞれ寿命があります。現在、土壌を汚染しているのは、**セシウム134と137という、2つの放射性物質**が中心になっています。そのうち134の寿命は2年で半分になるというもので、134に関していえば、2年で50%減ることになります。

一方で、137が半分になるまでには、30年かかります。これがなかなか減らないのです。そのため、風雨で飛んで汚染が拡散していきます。あるいは地面の下に染み込んでいきます。地下に染み込めば、地表の放射線量が下がるという効果はありますが、そうなれば、**汚染は長い間、その地下に残る**ことになります。

これらを考えると、最初の2年間というのは、セシウム134がそれなりに減ってくれるので、40％減るという国の試算は、それなりにあっていると思います。

40％減ったとしても、汚染の範囲は広がる？

もちろんそうです。いずれにしても放射性物質は、自分の寿命以外にはまったく減りません。ある場所の放射線量が放射性物質の寿命以上に速く減っているということであれば、それがまた別の場所に移動しているということに過ぎません。

ですからその場での放射線量が減ったからといって、安心できるということにはならないのです。

国は当初2年間についてだけいっていますが、それ以降はほとんど減らないと思わないといけません。要するにセシウム134が当初2年間で減ってくれるだけなのであって、それ以降は137が中心になりますから、汚染はほとんど減らないということになります。

学校の子どもの屋外活動の放射線量を年間20ミリから1ミリに?

政府は**学校の子どもの屋外活動を制限する放射線量**として決めていた年間20ミリシーベルトという基準を廃止して、年間1ミリシーベルト以下とする方針を固めました。これは、あまりにも遅すぎた、というしかありません。

それに、学校だけで1ミリシーベルトを許すということだけでは不十分です。私は、子どもに関しては、学校と家庭と合わせて1ミリシーベルトになるように、除染なり何なり、対策を考えなければいけないと思います。せめて子どもに対しては、そうすべきだと思います。

汚染物はどこに持っていけばいい？

放射能汚染に対応する特別措置法によると、「国は責任を持って、高濃度地域の除染をする」となっています。ただ、除染で出る大量の汚染された土などの最終処分場が決まっていないままです。それを地元に仮置きするという方針が国にはあるようですが、反発が強い。

汚染物をどこに持っていくかは、大変難しい問題だと思います。ただ、今私たちが汚染と呼んでいるものは、もともと東京電力福島第一原子力発電所の原子炉の中にあったものです。

つまり、東京電力のものなのです。そんなものは、本当はまき散らしてはいけなかったのに、東京電力がまき散らしたわけです。ですから、それは東京電力に返すのが一番いいと思います。

具体的にいえば、東京電力福島原子力発電所の敷地の中に戻すか、できるのなら、私は**東京電力の本社に持っていって欲しい**と思います。

それはともかく、もっと現実的なことをいえば、これから福島第一原子力発電所には、石棺とか、地下のバウンダリー（地下ダム）とか、事故を収束させるために、たくさんの構造物を作る必要があります。

そういう構造物を作るときに、たとえば**高濃度の下水処理場の汚泥とか、がれきになっている一部のコンクリートとか、そういうものを材料に使う**のがいいのではないかと思います。

いずれにしても、そこは墓場にする以外ありませんので、その材料に使うのが現実的でいいのではないかと思います。

ほかの地域に持っていき、最終処分をするのは難しい？

何十年、何百年にもわたって、きちんと管理を続けなければいけないという毒物ですから、全国にばらまいて、ほかの地域に持っていって最終処分するというのは管理ができなくなる恐れが強いので、難しいと思います。

少なくとも今、青森県六ヶ所村に埋め捨てにしている原子力発電所からの、低レベル放射性廃棄物といっているものは、管理が300年となっています。今広がっているがれきなどはそれを凌《しの》ぐほどの汚染物ですので、**300年あるいはもっと長い間、管理**ができないといけません。

No.09

福島の除染は事実上不可能。政府のウソに騙されている?

毎時1マイクロシーベルト以上の地域は、福島県の7分の1の面積だそうです。これだけの地域を除染して出てくる汚染土壌は、どうするのですか?

毎時1マイクロシーベルトという、除染基準自体が高すぎます。これを許してしまうと、1年間では8ミリシーベルト、あるいは、9ミリシーベルトになってしまいます。なんと、いわゆる一般の人々に対して国が定めた線量限度に比べて、ほぼ10倍も高いという数値です。なぜ、非人道的な基準でいいのか、まずそれを問わなければいけません。

さらに、セシウムをほぼ除去できるといわれる、深さ5センチの土を区域全体から剝ぎ取ったとすると、その体積は**東京ドーム80杯分、およそ1億立方メートルになる**

ということです。もしこれだけ大量の土を剝ぎ取ったとして、その処分施設を建設するというのは、ほとんど現実性がありません。

処分方法としては、さまざまなことが検討されてきました。コンクリートでプールのようなものを作り、その中に入れてしまうという案も、もちろんありました。今回の場合には、そういう方法も取らざるをえないかもしれません。

中間貯蔵施設を、福島に作って大丈夫?

政府は、福島県内に作るのはあくまでも中間貯蔵施設で、最終的には県外で処分するとアナウンスしています。しかし、仮に中間貯蔵施設のようなものを福島県内に作ってしまえば、二度とそこから動かないという覚悟をするしかありません。

それもあって、環境省などは、**人家に近いところや農地などに絞り込んで除染の範囲を減らす**ことも考えています。森林の地域は除染しないことにして、出てくる土の量を減らしたいと思っているようです。

結果として、広大な立ち入り禁止の部分の中に、除染して立ち入り可能な場所ができきるわけです。砂漠のオアシスのように。

現代の日本人がいきなり苛酷な状況で生活するのは、大変難しいだろうと私は思います。人が生きていくためにはさまざまな施設が必要です。商店や医療機関も必要です。水道や下水処理も整備されなければいけません。

以上の条件を考えると、**砂漠の中のオアシスのような形では、生活自体が成り立たない**でしょう。ですから一定以上の汚染がある地域は、当面居住はあきらめるということにならざるをえないと思います。

No.10

セシウムは誰のもの？東京電力に除染の責任なし？

福島第一原発から45キロほど離れたゴルフ場が営業停止になり、東京電力に除染を求めて、裁判所に訴えたそうです。東電側は「原発から飛び散った放射性物質は東電の所有物ではない」と主張。裁判所も申し立てを却下したそうです。つまり、放射性物質は東電の持ち物ではない、ということなのでしょうか？　では一体誰の所有物なのでしょうか？

何とも言葉がありません。セシウムを含めて核分裂生成物というのは、東京電力福島第一原子力発電所の**原子炉の中にあったウランが元**になっています。それが姿を変えて核分裂生成物という物質になったのです。もちろん東京電力の所有物です。

もともと、発電所の原子炉の中にあるべき物であったわけです。勝手に東京電力が自分の所有物をばらまいたわけです。

飛び散った先がどこであろうと、東京電力の所有物に変わりがあるはずがないと私は思います。東京電力は何かそれを法律用語で「無主物」（所有者のないもの、価値のないもの）だと主張し始めたようです。

価値がないどころではありません。それは猛烈な毒物なのであって、それを東京電力が勝手に、自分の所有物として作ったわけです。それをばらまいてしまったら、自分は知らないというのは、本当にもう何ともいいようのない無責任な会社です。

裁判所の判断もまったく間違えています。ありえないと思います。東京電力のものなのですから、**東京電力が片付けるというのが当たり前**の判断だと思います。いきなり行政に責任を転嫁するということであって、裁判官の見識も相当おかしいと私は思います。

No.11

汚染がれきの再利用、100ベクレル以下で本当に大丈夫？

被災地のがれきは、セシウムが1キログラムあたり100ベクレル以下なら再利用できる、とのことです。環境省のこの考え方で、本当に安全でしょうか？

難しいですね。現実問題として、すでに相当ながれきがあるわけです。そのすべてを完璧に処分しようと思うと、膨大な作業が必要になります。実際には、おそらく不可能ということになると思います。

ですから、**どこかで線引きをするしかない**でしょう。1キログラムあたり100ベクレルという数値であれば、私はかなり低いほうの値だと思います。今のような非常事態であれば、その程度のものは我慢せざるをえないのは現実でしょう。

ただし、こんな事態を引き起こした国の責任をまずは明らかにして、謝罪から始めるべきだと思います。

がれきはもう何十万トンもあるわけです。その**膨大な放射性物質を野放しにしてしまっている**という事態に追い込まれているのです。

大変残念ですし、何とかできないのかと痛切に思いますが、あまりにも大きな被害、ひどい汚染ですから、私たちがどこまでを我慢して受け入れるか、ということだと思います。

No.12

東京や大阪のがれき受け入れ問題。今の方法では住民を守れない？

大阪府ではがれきの受け入れを放射性セシウム1キログラムあたり100ベクレル以下で受け入れ、焼却灰を2000ベクレル以下は埋め立て可能だという方針だそうです。国の基準8000ベクレルより低い値ですが、本当に大丈夫でしょうか？

私は何度もいってきましたが、放射能に関する限り、大丈夫という言葉を使うべきではありません。必ず危険があるのです。1キログラムあたり100ベクレルでも危険です。

焼却灰**1キログラムあたり2000ベクレルを地面に埋める**とすれば、またそれも危険です。しかし、これは私たちが現在の時点で何を受け入れることができるかという、一人ひとりの価値判断によると思います。

大阪府が基準を決めたのは、まず、受け入れの濃度ということだと思います。しかし、住民から見て問題なのは、**放射性物質が環境に飛び出してしまわないか**、そのことです。

ですから、仮に焼却炉で焼いたときに、どれだけの放射性物質が出てきてしまうのか、拡散に、まず、関門を作らなければいけないと思います。

一般の廃棄物の焼却施設であっても特殊なフィルターをつければ、放射性物質は大分除去されます。私はずっと、そう言い続けてきました。

今現在のままの焼却炉で燃やしてはいけません。排気系統に専用のフィルターを取りつけて、現場で放射性物質がきちっと取れているかどうか、確認した上で燃やさなければいけない、というのが私の主張です。

環境省によると、フィルターで99・99%が除去できる?

原子力発電所の場合、排気系統に高性能フィルターがついていて、フィルターによる放射能の除去試験というのを毎年の定期検査でやることになっています。基本的には、高性能フィルターが設置されているのであれば、99・99%は除去できると私は思います。

ですから焼却施設にも、高性能フィルターに匹敵するようなフィルターをつけるべきです。ただ、**高性能フィルターは、熱に弱い面がありますから**、焼却炉の排気系にはそのままでは使えないと思います。

その場合には、セラミックフィルターなど、別のフィルターがあります。いずれにしても、除去装置をつけて現場でテストをしなければいけません。

環境省などがそうなっている、とか、なるはずだからといっていても、鵜呑《うの》みにして実行してはいけません。現場で本当に、99・99%取れるのかどうかを確認する必要があります。

実際にフィルターをつけてどうなるのかということを抜きにして、受け入れの基準の数値だけ決めてもダメです。

神戸大学の山内教授の試算では、がれきの焼却で1年間に44万ベクレル？

がれきの焼却でたとえ99・99％除去できたとしても、あまりにも多くの量のがれきを処理しなければいけません。神戸大学教授の山内知也先生の試算では、1日120トンのペースで計算すると、1年間の焼却でおよそ44万ベクレルが大気中に放出されることになるといいます。

もし、その試算通りだとすれば、ひとつの焼却炉から**1年間に44万ベクレルのセシウム137が大気中に出ていく**ということです。大気中に出れば、空気に乗って流れていって、あちこちに汚染を広めるわけです。

でも、みなさんに考えて欲しいのです。福島第一原子力発電所の周辺には、1平方メートルあたり、何百万ベクレルという汚染がすでにあるのです。飯舘村にしてもそうです。1平方メートルあたり何十万ベクレルという汚染があります。

仮にどこかの焼却炉で焼却して、1年間に44万ベクレルが空気中に出てきたとしても、言葉が大変悪いと思いますが「だからいったいどうなんだ」といいたくなってしまうのです。それほど福島は猛烈に汚れているのです。結果、子どもも含めて現在、被曝をしているのです。

大阪はがれき受け入れの焼却灰を海に埋め立てる？

焼却灰は埋めてはいけません。1キログラムあたり8000ベクレルだろうが200ベクレルだろうが、海に埋めてはいけません。何度もいってきましたが、それはもともと東京電力の所有物なのですから、各地の自治体が引き受けるのではなくて、東京電力に返すべきものだと思います。

ただ、がれきを福島にいつまでも放っておくわけにはいきません。まず、東京が引き受けに手を挙げました。しかし、その後が続きませんでした。それで、大阪が手を挙げたのです。それ自体は良いことだと思います。

しかし、海へ埋めるということはおかしいですし、前述したように、焼却する場合にも相当な設備が必要です。

東京が**排気系統のテストもしないまま燃やしている**ということに、私は抗議したいと思っています。住民をきちっと守れるということがわからない限りは、やってはいけないのです。

放射性物質の数値だけで「受け入れるか、受け入れないか」ということを今まで論じ続けているところが多いわけですが、**住民を本当に守れるかどうか、具体的な方法としてフィルターというものがある**ことを忘れてはいけません。できる対策をきちんとしなければいけません。

No.13

福島第一原発はちょうど40年だった。最も危ないのは九電・玄海？

原発の寿命は、30年あるいは40年だという話を聞きます。その理由を、具体的に教えてください。

原子力発電所というのは、機械です。たくさんの部品から成り立っています。ポンプもあれば配管もあり、さまざまなものが組み合わされて、できています。そして機械というのは、どこかが壊れれば交換します。これはみなさんが想像する身近な機械も同じです。

部品を交換すれば、寿命を長くできます。ただし、原子力発電所の場合には、絶対に交換できない部品があるのです。それは、原子炉圧力容器、いわゆる**原子炉の本体、つまり圧力釜そのもの**です。

なぜなら猛烈な放射能の塊《かたまり》ですし、大きいものでは1000トンもあるようなきわめて重いものです。それだけは交換できません。では、圧力釜がいったい何年持つのだろうかということを、技術者たちは一番はじめに考えました。

素材として使われている鋼鉄というのは、みなさんもご存じの通り、叩いても割れませんし、とんとん叩いていけば伸びたりします。つまり、金属というのは延性という、延びる性質を持っているものです。一方、ガラスというのは脆性《ぜいせい》といって、トンカチで叩いたらパリっと割れるという脆《もろ》さがあります。

しかし、金属も普通は延性なのですが、温度をどんどん低くしていって、ある温度よりも冷たくなると、脆性になるのです。叩いたら割れるような脆いものになってしまいます。ただし、零下何十度という状態にしなければ、そうはなりません。普通はありえない状態ですから、金属は延性だとみなさんも思っているわけです。

延性の金属が中性子を浴びていると、脆性になる温度がどんどん高くなってくるのです。ですから、運転をすればするだけ、脆くなる温度が常温に近づいてきます。では一体、いつ、**普通の温度でガラスのようになってしまうか**、ということを当初考えたのです。

そして30年か40年、中性子を浴びせ続けると、普通の温度で鋼鉄がガラスのような性質になってしまうだろうと予測を立て、原子力発電所の寿命は30年から40年だと線引きをしたわけです。

1号機は運転開始からちょうど40年で事故が起きた？

ただ今回の事故は、圧力容器がパリっとガラスのように割れた事故ではありませんでした。これまで、試験片という小さな金属を圧力容器の中に入れておいて、検査をしてきました。

何年かごとに検査をして、どのくらいの温度でパリッと割れてしまうのだろうかということをテストし続けてきたのです。その結果、40年はまだ大丈夫だろうということで、いまだに運転をし続けてきたということになります。

ただ、30年経過したら、これからどのように運転していくのかという計画書を電力会社が国に提出して、**国が10年延長を認めるというシステム**でした。それによって40年までは許してきたことになります。

さらに、日本原子力発電の敦賀もそうですし、関西電力の美浜もそうですが、40年経っても、まだ余裕がありそうだということで、国が運転を認めるというようなことをしてきたわけです。

福島第一原発の場合は、**ちょうど40年経ったのが、2011年の3月だった**わけです。その1か月前の2月7日に、さらに10年運転していいという認可が下りていました。

私たちは、延性状態から脆性に変わってしまう温度を「延性脆性遷移温度」といいます。福島の場合も、その温度の記録をずっと見てきた上で、あと何年は運転していいだろう、という判断をしたということなのです。ただし、この「延性脆性遷移温度」というのは、原子力発電所ごとにかなり違います。

一番危ないのは九州電力の玄海1号炉？

低い温度にしなければ、なかなか割れないというような原子炉もありますし、普通の温度でも、もうガラスのような性質になってしまっているという原子炉も、実はあるのです。一番危ないのが、九州電力の玄海1号炉という原子炉です。

玄海1号炉は、延性脆性遷移温度が九十何度というレベルです。ですから、100度を超えていれば延性ですが、それよりも冷たくしてしまうと、鋼鉄がガラスのような性質になってしまいます。玄海1号炉はすでに危険な状態なのです。

しかし、九州電力は、そのまま延長を押し切ろうとしています。日本には危険性を指摘する第三者機関はありません。また、電力会社側はもう**すでに作ってしまった原子炉を少しでも長く使いたい**と思うわけです。電力会社は、「運転中の圧力容器の温度は三百何十何度になっているから、十分延性の状態で、大丈夫だ」というのです。

しかし、何かトラブルがあって、非常用炉心冷却系の水を入れるとか、原子炉を停止させて、冷温停止にしようとすれば、どんどん冷やしていかなければいけません。そうすると今度は割れる、という危険を抱えてしまうわけです。すなわちどちらに行くのも恐ろしい、という状態になっているのです。

危険をどこまで受け入れるのかという、判断の問題です。

玄海原発に万一のことがあると関西に大きな影響となる?

玄海は、西風が卓越風ですから、もし事故が起きれば、**中国地方を通って、関西・近畿圏にまで放射能が飛んでくる**ということになるだろうと思います。

いわゆる圧力釜が吹っ飛んでしまう恐れを一番高く抱えているのが、玄海原発ということになります。

No.14

「溶け落ちた燃料は水につかり、冷やされている」東電の解析結果に根拠なし？

溶け落ちた燃料がどこにあるのか、東京電力は解析結果を2011年11月に発表。1号機では格納容器内にとどまっている、2、3号機ではほとんどが圧力容器内に残っているとのことです。いずれも、燃料は水につかって冷やされているといいます。本当でしょうか？

私のこれまでの発言を整理すると、炉心が溶けて圧力容器の底に落ちて、底を貫通した。それがさらに格納容器という容器の底に落ちた。そこにはコンクリートの床張りがあるので、そのコンクリートを溶かしながら下に沈んで、場合によっては**格納容器の鋼鉄製の容器を溶かして、さらに下に落ちている**かもしれないと、いってきました。

格納容器というのは、放射能を閉じ込める最後の砦《とりで》であって、最後の砦が壊れてしまうかどうかということは、大変重要なことです。私は、格納容器の底にあるコンクリートは壊されて、さらに下にある格納容器の鋼鉄製の構造物自体も壊れているかもしれないと判断したのです。

放射能を閉じ込める防壁が、すべてなくなってしまう状態は最悪です。もう仕方がないので、地下にダムを作ってくださいといってきました。

誰も見ることはできないわけですから、最悪のことを想定しながら、やらなければいけないと思ってきましたし、私は今でも**格納容器の鋼鉄に、すでに穴が開いているという疑い**を捨て切れません。東京電力は、そこまではいっていないという発表をしたということになります。

解析の結果でここまでわかる?

要するに今回の事故は、私たちがまったく経験したことがない、未知のことが次々起きているわけです。東京電力は解析をしたといっていますが、解析というのはいろいろなパラメータを入れなければなりません。たとえば温度の条件とか、圧力の条件であるとか、さまざまな仮定に仮定を積み重ねるわけです。しかし、仮定をするためのそのデータ自体がありません。格納容器のコンクリートの部分の温度が何度になっているか、ということすらわからないまま、計算をしているわけです。

解析したといっても、根拠に乏しいものだと断言していいと私は思います。たとえば1979年に、米国のスリーマイル島の原子力発電所で事故が起きました。原子力を推進している人たちは、さまざまな解析を行い「原子炉の炉心自体は溶けていない」といっていたのです。

しかし、事故が終わって7年半後、圧力容器の蓋を開けてみたら、実はもう**原子炉の半分が溶け落ちていた**ということがわかったのです。開けてみないと何もわからなかったのです。

ですから今回も、鋼鉄の板まで溶けて、落ちるという推測もできるわけです。私は十分可能性があると思ってきましたし、そうなってしまうと汚染の広がりを食い止められなくなりますので、可能性のある限りは何重にも対策を取らなければいけないと主張してきました。

鋼鉄の板も溶かしていたら、さらに下の構造物を溶かしながら地面にめり込んでいくということになってしまいます。

そうなると、永遠に地面にめり込んでいく？

それが永遠に果てしなく続くといわれていますが、それはブラックジョークです。スリーマイル島の事故のころに『チャイナ・シンドローム』という映画ができました。果てしなく地下を溶かし、溶け込んでいって、**地球のコアを通り抜けて、地球の反対側の中国に飛び出してくる**というものです。

これが『チャイナ・シンドローム』というブラックジョークです。おそらくそうはならないと思います。格納容器の鋼鉄を溶かして、地下にめり込むとしても、5メートルか10メートル程度で止まるだろうと私は推測しています。

もともと炉心という部分は、ウランの瀬戸物なのですが、約100トンの重さがあります。2800度を超える温度で瀬戸物を溶かして、瀬戸物全体がどろどろになって、溶け落ちていくわけです。溶け落ちていくと、圧力容器の鋼鉄を溶かして一体になり、さらに格納容器のコンクリート、鋼鉄を溶かして一体になって、どんどんその体積が大きくなっていきます。しかし、熱自体は崩壊熱（132ページ参照）という発熱しかありません。どこかでバランスがとれて、もう溶けることができなくなるという条件が、必ずくるのです。私はそれが地下にめり込んだとしても5メートルか10メートルだろうと、あまり科学的な根拠はありませんが、そう考えています。

ですから、その**地下に5メートルあるいは10メートルの遮水壁を作らなければいけない**というのが、私の要望でした。事故当初の5月から申しあげてきました。

鋼鉄の壁が壊されているかどうかという判断は、非常に大きな意味があるのですが、東京電力も、いわゆる「計算」をしたというだけなのです。本当にその原子炉の溶けた炉心がどこにあるかということは見ることもできないし、実際に測定して知ることもできないということです。

東京電力も、遮水壁はいずれ作るといっています。ただ今回の計算結果では、まだ三十数センチぐらいは余裕があるといっています。本当にその余裕があるかどうか、不安です。ですから、最悪のことを考えて処置すべきだと、思います。

No.15

廃炉の方法はいまだわからず。工程表はバカげている?

政府は工程表で、福島第一原発を30~40年で廃炉にするとしています。実現できるのでしょうか?

30~40年で廃炉にできるのか、これはまったくわかりません。そもそも廃炉にする方法がわからない段階で工程表など作りようもないのに、ただ、ひたすら**事故を収束できるという宣伝に使いたいのか**、と私は思いました。まったくバカげています。

少なくとも私が生きている間には、終わらないでしょう。それだけの時間がかかるということだけは確実です。

10年後には溶けた燃料の取り出しを開始？

今現在も、**溶けた炉心、燃料がどこにあるのかもわかりません**し、何年かかけて少しずつ調べることしかできないのです。それでもできるかどうか、実はわからないという状態です。どうしていいのかわからない、どうやればできるかもわからない。それが現実です。

一つひとつできることを積み重ねて、技術開発をしながらになりますから、10年なのか、20年なのか、30年なのか、今の段階でわかる道理もないわけです。そんな状態で作成された工程表を信頼することはできません。

政府は水棺をあきらめていない？

水棺ができなければ、溶けてしまった燃料を取り出すことができませんが、水棺はもう無理です。以前からそういってきました。やろうとしてずっとできなかったのが水棺なのです。

格納容器の下のほうに穴が開いている可能性が高いと思います。それを修復して水棺を実現するには、大変な被曝作業になってしまいます。

おそらく人間は近づけないでしょうから、ロボットの開発に期待したいということなのでしょうが、**ロボットで壊れているところを補修できるかどうか**すら、まだわかりません。世界中の誰も、経験がないのです。

No. 16

原発を60年まで認める政府。チェルノブイリは運転2年で事故

原発の運転期間を原則40年と法律で決めて、1回20年までの延長を例外的に認めると、政府が言い出しました。原発の寿命を60年にして大丈夫でしょうか？

何度も書いてきましたが、すべての原子力発電所を、即刻止めるべきだと私は主張してきました。新しく動き始めた原子力発電所でも、すべて止めなければいけないと思います。40年経ったから止めろとか、30年で止めろとか、そのようなルール作りを考えてきたつもりは、毛頭ありません。

ですから、**政府が40年で止める、それも例外を認める**などという話は、私から見れば、言語道断なことです。

また、例外的に延長を認める条件にしても、問題があります。福島第一原子力発電

所に対しても、国は厳重な安全審査をして「東京電力に技術的な能力がある、老朽化の問題もない」といって、お墨付きを与えました。結果、大変な事故になっているのです。

それを今さら、また偉そうに国が審査をして安全であることを認めてやる、というようなことといっているわけです。まずは「すべてやめるべきだ」と私はいいたくなります。

40年という年限を切ったということが、みなさんにとっては、真新しく見えるかもしれません。しかし、本当の問題はそこにあるのではありません。

関電の美浜1号機、日本原電の敦賀1号機ももう41年に?

本当に40年と区切ってやるのであれば、**41年が経過している関西電力の美浜1号機や日本原子力発電の敦賀1号機は即刻廃炉**です。しかし、また、国や電力会社は例外として生き延びさせようとするでしょう。また今の国の方針では、新しい原発すらも作れてしまうでしょう。

原発の寿命は、これまで30年で申請して40年に延長してきたわけですが、これからは逆に、30年で申請せず40年まで稼働できるというふうにも読めるかもしれません。いずれにしても、どのようにも解釈できるのですから、国がどのような運用をしようと考えているかに、すべてがかかっていると思います。

40年経過した福島1号機の事故は老朽化と関係ない?

東電や原子力安全・保安院は、福島第一原子力発電所の事故の場合、老朽化が事故の拡大要因になったわけではないとしています。もちろん事故は、老朽化とはまったく関係なく起きる場合もあります。

たとえば、人間が遭遇した最大の原子力発電所事故は、チェルノブイリ原子力発電所の事故でした。あの原子炉は、**ソ連（当時）きっての最新鋭の原子力発電所で2年しか運転していません**でした。

その前には、米国のスリーマイル島の原子力発電所が事故を起こしました。あの原子力発電所は、動き始めて3か月でした。ですから、老朽化にはまったく無関係に事故は起きるのです。

一方で、老朽化が原因で起きる事故もあります。たとえば関西電力の美浜3号機で、**2次系の配管が破断して、5人の作業員が熱湯を浴びて亡くなる**ということがありました。これは、まさに老朽化が原因。パイプが削り取られていって、破断をしたということでした。まともな検査もしていないまま、破れるにまかせてしまった結果、事故が起きました。

福島第一の場合、老朽化という問題がどこまで寄与したかは、今のところよくわかりません。残念ながらそれを調べることもできません。近づくことがもうできませんので、事故原因を調べることができないのです。つまり福島に関しては、おそらくわからないままになってしまうでしょう。

No.17

2号機、3号機には、いまだ水蒸気爆発の危険が残る？

今後状況が再び悪化することはありうるのですか？

報道によると、比較的順調に原子炉の冷却ができている、と見えるかもしれません。たとえば、圧力容器の温度が上がるのはなぜかといえば、**圧力容器の中に発熱体である炉心がある**からなのです。それによって、圧力容器そのものの温度が上がっていくはずだということです。しかし、すでに炉心は圧力容器の中にありません。ですから、むしろ温度が上がるというほうがおかしい、と思わなければいけません。

ですから、原子炉の温度に関しては、いい方向に向かっているという証拠には、必ずしもならないのです。

原子炉の状態は、この1年、大きく変わってはいない？

大変残念ですが、私自身も正確な情報が得られないのです。

それが原子力、あるいは原子炉といっているものの、本質的な困難さを示していると思います。

つまり、火力発電所であれば今壊れているものを、壊れた部分に人が行って、どのような状態かを見て、順番に補修をすれば良いのですが、こと原子力発電所の場合には、壊れている場所に近づくことができない、中を見ることもできないという相手なのです。

ですから、本当に今現在がどういう状況になっているかということを、正確に知ることができません。そういうものを相手に、今苦闘が続いているわけです。

少なくとも1号機に関しては、原子炉建屋という建物の中に入って、原子炉水位計を調整しなおすことができたのですが、**2号機と3号機に関しては、いまだに建屋の中に入ることすらできない**、という状態です。

2号機、3号機は使用済み核燃料の取り出しが優先される？

もちろん、できるならばやったほうがいいのですが、2号機も3号機もまだ原子炉建屋の中に入ることができません。また、3号機の場合には、ともかく使用済み核燃料プールがあった場所が猛烈に破壊されてしまっています。

そんな状況の中で、使用済み核燃料プールの中から核燃料を取り出すのは、大変難しい課題です。乗り越えなければいけない壁がいくつもあるだろうと思います。なるべく早く行ったほうがいいのですが、おそらく、可能になるまでには、何年という時間がかかると思います。

3・11から1年が経過しましたが、原子力発電所の事故にとっては、1年という時間は長くはありません。完全終結まで考えるのなら、何十年、何百年と待たなければいけません。

ただ、とりあえず、**大量の放射性物質が環境、大気中に出てこないようにする**ということは、どうしても今、やらなければいけないことです。確信を持って、本当にもう大丈夫だと言えるようになるまで、まだ何か月もかかると思います。

これまでの対策は、あくまで応急処置に近いものです。追いつめられて、追いつめられて、格闘しているという状態です。応急処置が、事故の直後からずっと続いているのです。

今後、状況が再び悪化することはありうる?

私が一番、恐れているのは、**圧力容器の中で水蒸気爆発が起きる可能性が残っていること**です。原子炉の炉心というものが、まだ元の場所にあって、その冷却に失敗したときにドスンと下に落ちる可能性があると考えられるからです。

そのとき、下に水が残っていると、水蒸気爆発が起こります。そうなると、圧力容器は多分破壊されますし、その外側の格納容器は比較的弱い構造体ですから、それも壊れると思います。

となれば、大量の放射性物質が大気中にまき散らされてしまいます。いまだに2号機と3号機は、このような危険があります。それを私はずっと恐れてきましたし、その可能性がないと、自信を持って断言できないというのが現在の段階です。

現段階でも、炉の中の状態がはっきりとはわかりません。一番大切なのは、水がどこまであるかという水位計のデータなのですが、それを調整することもできないまま、わからないまま、という状況が今日まで続いてきてしまっています。

炉の中の状態を知る方法として、シミュレーションという計算機での解析がありです。ただ、**計算機の解析には実際のデータが必要**です。それが正しいかどうか、ということを実証しながらでなければ、どこまで正しいのかがわからないからです。

その、どこまで正しいのかということを把握するためのデータを取ることができない、つまりシミュレーションをしたところで、それが正しいかどうかがわからないという状況にあるわけです。

No.18

「首都圏直下型地震は4年以内に70%」の衝撃

首都圏直下型地震が、4年以内に70%の確率で起こる可能性があるという専門家もいます。原発との関係をどう見ますか？

私はこれまでずっと、地震が起きると「原発は大丈夫か」と真っ先に思うような生活をしてきました。首都圏の直下型地震というときも、周辺の原子力発電所にどういう影響があるかということが非常に心配です。

もし首都圏で直下型地震が起きれば、地震だけで膨大な被害が出てしまうと思います。ですから、首都圏の方々は4年以内に70%というデータを真剣に考えなくてはいけません。東日本大震災で、ものすごく**広範囲に岩盤が割れていますから、余震はこれからも必ずある**はずだと思います。

2.

さらなる放射能拡散の危機は続く

No.19

広島原爆の100発分を超える放射性物質が放出された?

原爆と原発の事故はどう違うのですか?

核分裂をしたときには、強烈な放射線が飛び出してきます。さらに核分裂生成物という放射性物質ができます。

原爆というのは、むき出しの原子炉だと思ってください。ですから、原爆の場合には、核分裂をしたときにまず、強烈な放射線が降り注ぎます。さらにそのときにできた核分裂生成物という放射性物質が、後々まで影響を及ぼします。

一方で原子力発電所の場合には、核分裂自体は原子炉の中で起きているわけで、**強烈な放射線はほとんどエネルギーという形に変換されて電気になる**のです。あるいは海を温めるという形をとります。ただ、できた放射性物質自体は原爆でできるものと同じ物です。それが今回の事故のようなことになると、大量に吹き出してきて環境を汚すということになります。

原爆の死の灰は原発でも出る?

原爆でいわれる死の灰というのは、核分裂してできる放射性物質のことで、それは原発でも変わりません。

原爆の場合には、核分裂した直後にすべての放射性物質がその場から放出されます。短い寿命の放射性物質も、すべてがその場で放出されるのです。

しかし、原発の場合には、核分裂してできた放射性物質、核分裂生成物のうち短い寿命の放射性物質は原子炉の中にある間に、ある程度なくなってくれています。ですから、**ある程度寿命の長い放射性物質だけが事故のときに吹き出してくる**ことになります。

たとえば、寿命の短いヨウ素のようなものは、原発では一部しか出ませんが、原爆のときはすべて一瞬にして出てしまうということになります。

原発のほうが原爆よりも技術的には難しい？

強烈なエネルギーを1か所の原子炉の中に閉じ込めるという意味では、**原発は原爆より技術的に難しい**といえます。放射線というのはアルファ線、ベータ線、ガンマ線、あるいは中性子線という形でそれが吹き出してきます。ただ、原子炉の炉心と呼ばれている部分でアルファ線やベータ線は、簡単にエネルギーに変換されます。中性子線もそれなりに変換されながら、周辺のものを放射線化させるという形になります。それらをすべて制御しながら行いたいというのが、原子力発電という技術です。

原爆の熱線は、エネルギーのこと？

放射線はエネルギーの塊です。もっと詳しくいえば、アルファ線というのはヘリウムの原子核ですし、ベータ線は電子ですから、いってみれば物です。たとえば、電子というのは、私たちが電気製品を使うときの電流として流れているものですから、無色透明で目にも見えません。

それが原爆の場合には、爆発したときに噴き出してくるわけです。原爆では「凄《すさ》まじい熱線が来た」といわれますが、核分裂によって放出された放射線のほとんどが熱線と爆風に変換されます。

原発の場合はその発生した熱を使って、水を沸騰させ、出てきた蒸気でタービンを回します。タービンには発電機がつながっていて、タービンが動くと発電機が動いて電気が起きるという仕組みになっています。ですから、原子炉の中で制御して核分裂反応を起こさせれば放射線のエネルギーを発電に利用できると考えました。

原爆と原発のエネルギーの大きさは?

広島の原爆の場合には、ウランが800グラム燃えました。それにより、大量の放射線と熱線と爆風が起きました。そして、**核分裂生成物という放射性物質が周辺を汚染して、人々を被曝**させたのです。

原子力発電所の場合には、現在は100万キロワットというのが標準になっています。その場合には、1日に3キログラムのウランを核分裂させます。

つまり広島原爆の約4発分のウランを毎日核分裂させながら電気を起こして、海を温め、そしてできた死の灰は原子炉の中に溜まっていく。原子力発電所とは、そういう機械なのです。

原発のほうが、原爆よりも発生するエネルギーは遥かに大きいということになります。

広島原爆がばらまいた核分裂生成物の中で、代表的な核分裂生成物はセシウム137です。福島第一原子力発電所の事故では、**広島原爆の100発分を超える量のセシウム137**が、すでに環境にばらまかれたと思います。

そして今12万トンの汚染水があります。その汚染水の中には、おそらくそれを超える量が存在しています。

そもそも福島第一原子力発電所1号機は46万キロワット、第2、第3号機は78万キロワットの出力ですから3基合わせると、200万キロワット分あります。100万キロワットの原子力発電所はさきほどのように、1日3キログラムのウランを燃やします。つまり、1年間に約1トンのウランを燃やしているのです。

広島原爆は800グラムですから、ゆうにその1000発分を超えます。それが200万キロワット分あれば、1年間に広島原爆2000発分を超える核分裂生成物を生み出しています。原子炉というのは、約3年経たないと燃料を取り出しませんので、平均すれば、約2年分は原子炉の中に溜まっているはずなのです。

ですから、1号機、2号機、3号機を合わせれば広島原爆4000発分に相当するぐらいの核分裂生成物が炉心の中にあったのです。

そのうち、すでに放出されてしまった分は、わずか100発とか200発、あるいは300発と私はいっているわけですから、まだまだ大量の放射性物質は、閉じ込められた形で残っています。

残りの放射性物質が、ばらまかれる可能性はある?

私は残りの放射性物質が外に出ないことを切に願っていますが、出ないと断言できない状態にあります。東京電力も今現在、**炉心を冷やそうとして作業員の方々が大量に被曝をしながら作業している**のは、その破局的な被害を防ごうとしているからです。

そのような被害が完全にない状態にするには、原子炉をこれ以上溶かさないことが重要です。何とか**現場のみなさんに頑張って欲しい**と願いますし、おそらく東京電力もそうしようと思っているのだろうと思います。

No.20

事故後の「最悪のシナリオ」はなぜ隠ぺいされた？

今回の原発事故で、作業員全員が避難せざるをえなくなった場合の「最悪のシナリオ」があったということが、２０１２年になってわかりました。これを、どう考えたらいいのでしょうか？

これまで原子力を進めてきた人たちは、とにかく「大きな事故はない」といい続けてきました。「事故は起きないで欲しい」と願いながら、進めてきたのだと思います。ですから、**事故対応マニュアル自体がほとんど作られていない**という状態で、事故に突入してしまい、原子力安全・保安院、原子力安全委員会、それぞれまったくばらばらで、情報すら通らないという状態だったわけです。

一方で東京電力自体は、もうこの事故に持ちこたえられないから、全員避難したいと思っていたわけです。それを菅首相（当時）がそんなことはダメだといって、強権発動というか、東京電力に乗り込んだという経緯がありました。

本当にどうなるのか、誰にもわからない、原子力安全委員会にも、原子力安全・保安院にもわからない。東京電力自体も、事態がどうなるのかまったくわかっていない。もう**逃げなければいけない、と本気でみんなが思っていた時期があった**のです。

それでも国民には、その情報が伝えられないまま、3キロ圏内の人は避難してください、10キロ圏内の人も万一のことを考えて避難してくださいと、そういうことしか伝えないというやり方できました。

私は何よりも大切なのは、人々の命だと思いますので、防災というのは最悪を想定して行動を起こすべきだと思ってきました。今でもそう思います。しかし、日本の国というのは、とにかくパニックが起きるのを何とか防ぎたいと考えているのです。防災という意味では、まったく間違えたやり方だったと思います。

これほど重大なことが起きているにもかかわらず、誰も責任を問われないなどということが、一体どうして起きるのか、私にはわかりません。個人個人の刑事責任も含めて、厳しく検証されなければならないと思います。

最悪の事故が起きたときに、どのくらいの損害が生じるかということは、世界的にもたびたび考えられてきました。

日本の原子力発電所は1966年に東海発電所の稼働で始まりました。その計画段階の1960年に科学技術庁（当時）が原子力産業会議に対して、試算を委託しました。東海発電所で、もし大きな事故が起きた場合、どのような被害が出るのかということです。その試算は、破局的な被害の計算結果を打ち出してきました。けれどもその報告書は、秘密にされてしまったのです。

しかし、政府は知ったわけですから、その結果を受けて、国は1961年に原子力損害賠償法という法律を作ったのです。

つまりあまりに破局的なために、電力会社だけでは補償などできない、だから、原子力損害賠償法という法律のもとで、**電力会社を免責し、ある程度以上の被害は国家が、国会の議決を経て、面倒をみる**という法律をわざわざ作ったのです。

その基礎になった報告は、長い間秘密にされていましたが、1990年代の中ごろだったと思いますが、国会で追及されてようやく明らかになりました。

No.21

米軍にはSPEEDIを9日も早く提供していた？

SPEEDI（緊急時迅速放射能影響予測ネットワークシステム）のデータが、事故直後3月14日に米軍に提供されていました。日本国民には9日遅れでした。どういうことでしょうか？

この日本という国が、どこに目を向けているのかということが、象徴的に表れたのだと思います。米国に対しては常に配慮をしているというか、私から見ると、**いまだに米国の属国**だという感じがします。

米国に対しては、きちんと情報を提供しながら、自分の国の国民には情報を与えないという、今のこの日本という国の姿が表れたのだろうと思います。

米軍に先に知らせたのは支援を受けるためだった?

確かに米軍は「トモダチ作戦」などを実行しました。主に艦船で行いましたが、風向きが船のほうに向いた途端に、当然風下へ逃げたというわけですから米軍にとってSPEEDIは、とても重要・必要な情報だったのでしょう。

一方、住民たちはそんなことを知らされないまま、被曝をしてしまいました。文部科学省という役所がいったいどういう責任を取るのか、私はまずそれを聞いてみたいと思います。

国内への公表が遅れた理由として、文部科学省は原子力災害対策本部で検討していたということを理由にしていますが、この9日間に**アメリカはすぐに自国民を80キロ圏外に避難させる措置**を取っています。

SPEEDIが公表されてさえいれば、日本の国民もそうした措置を取ることができました。飯舘村の人たちも、本当であれば避難しなければいけなかったわけです。それればかりか、南相馬市の人たちが飯舘村に避難をしてしまったなどという悲劇も起きました。よかれと思った避難が、情報がないためにもっと放射線量が高いところへ逃げるという悲劇になってしまったのです。

安全委が改定案。ＳＰＥＥＤＩは使わない？

ＳＰＥＥＤＩという計算コードができた理由は、１９７９年のスリーマイル島の原子力発電所の事故がきっかけです。

住民を守るためには、**時々刻々、放射能の雲がどちらの方向に流れていくか**、計算しながら住民を避難させなければいけません。そのために必要だということで、この開発に取り組んだのです。

これまで二十数年の歳月と、おそらく１００億円を超えるお金を投入したと思います。そうやって、原子力を推進している人たち自身が、進めてきたのです。それが役に立たないと、今さらいうのであれば、いったい何を考えてやってきたのかを、あらためてその人たちに問わなければいけないと思います。

これからは実測を重視する？

汚染地域を正確に予測することは難しいから、これからは実測を重視するということですが、**実測は計算よりも大切だ**と思いますので、その考え方はいいと思います。

しかし、実測には限界があります。すべての地点で、実測するという力はもちろんありませんし、ましてや緊急時であれば、実測データは限られたものになります。

だからこそ、それを補うために、計算シミュレーションという手法はあるのです。そのためにＳＰＥＥＤＩが開発されたのです。

それを今さら、ここまできて意味がないなどという人たちがいるとしたら、その人たちがどういう責任を取るのか、私はそういう人たち、一人ひとりの個人責任を刑事的にも問いたいと思います。

No.22

「個人の責任追及はやめて欲しい」原子力学会はどこまで無責任なのか……

日本原子力学会は、原発事故の調査検証にあたって「個人の責任追及を目的としないよう」求めたそうです。どういう考え方なのでしょうか?

日本原子力学会というのは、原子力を専門に研究している**研究者のほかに、電力会社の社員やメーカーの社員もメンバー**に含まれています。私たちが今、原子力村という言葉を使いますが、この原子力村の人たちともほぼかぶっているのです。

原子力村というのは、もちろん政治をやっている人たちもいますし、産・官・学ですから産業界の人も、アカデミズムの世界にいる人たちも、関係者は原子力学会に入っています。私自身も70年頃から80年頃までは入っていましたが、辞めました。

原子力学会の声明の意味は？

その原子力学会が、個人の責任を追及しないで欲しいという声明を出しました。これまでもそうでしたが、原子力の世界というのは、誰も個人としての責任を取らないまま、今日まできました。これからも、個人としては責任を取らないというための声明としか考えられません。

声明にはまず、「今回の事故調査において、現場で運転や連絡調整に従事した関係者はもとより」とあります。連絡調整した人にも責任を問わないとなると、さまざまな**情報が非常に遅れたり、あるいは隠されていたものがあったり**ということまで含むように感じます。

建設した人も審査した人も、検査した人も、みんな責任はこれで免れるということを目的に声明を出しているのでしょう。

原子力の世界というのは、長年無責任体質でやってきて、今回の事故を引き起こしてしまったのです。ここまできているのですから、一人ひとりの自分たちのやってきた責任という重さを、自覚して欲しいと私は思います。しかし、相変わらず、**自分たちは責任を逃れよう、という人たち**のようです。

そもそも政府の事故調査・検証委員会は、個人の責任を追及しないと初めから委員長の畑村洋太郎さんが発言しています。推進派の人たちは免罪だと。

私はこの委員会はもう、いや初めからダメだと思いました。トップである畑村さん自身が、最初に責任は問わないといっているわけですから。

それにしても、今回の声明には驚きましたし、呆れましたし、何とも悲しい思いで読みました。このようなことが起こった後も、原子力村の人たちは何ら変わらないようです。

学者16人は責任を認めている？

一方で、事故直後の3月末に原発に関わってきた学者16人が、自分たちの責任を認めて国民に謝罪する、声明のようなものを出しました。その人たちの中には、原子力安全委員会に加わっていた経歴がある人が半分くらいいました。

専門家と呼ばれている人たちも、一人ひとりの人間です。その人たちは、たった一回の人生しか生きられないわけです。ですから、どのように生きて、どのように責任を取るかということは、やはりご自分で考えていただかなければいけません。

これまで、ずっと安全だ、安全だ、といい続けてきて、今回のような本当に悲惨なことが目の前で進行しているときに、まだ原子力が必要だ、そして誰も責任は取りません、などというのは本当に、どういう人たちなのでしょうか。自分の命、生きてきた歴史をどう思っているのでしょうか。

16人の謝罪そのものも、私はかなり眉に唾をつけながら読んでいます。彼らは**これまでずっと原子力推進の旗を振り続けてきた**わけですが、謝罪したのであれば、旗を降ろすとか、そういう意思表示があってしかるべきと思うのです。しかし、彼らはこれからもまた、旗を振り続ける仲間に入るのだろうと私は思います。

No.23

「もう帰れない」ことを国は伝えるべき？

事故発生後1年間に浴びる放射線の積算量が最も高いのは、福島県大熊町（西南西に3キロ）で508・1ミリシーベルトと推計されたそうです。どれくらいの数値なのでしょうか？

私は、京都大学原子炉実験所で働いています。普通のみなさんと違って、放射線を取り扱うことで給料を貰っているということで、1年間で20ミリシーベルトまでは我慢しろといわれている人間です。その私と比べても、またその25倍を我慢しろというほどの被曝量です。

法律では、**一般人の場合、年間1ミリシーベルトまで**と定められていますから、それと比較すれば500倍というか、500年分の被曝量になります。本当にひどい話だと思います。

なぜ発表は5か月後になった？

これは、とうにわかっていました。事故後の3月中にはわかっていたのです。発表が8月になったのは、パニックを起こしたくなかったという理由もあったのでしょうが、いいたくなかったから隠していたということでしょう。

1年の積算で500ミリシーベルトという猛烈に汚染が強い地域は、それほど広くないと思いますが、1年の被曝で20ミリシーベルトという、私のようなごく特殊な人間にしか許さないと決めた基準でいえば、おそらく**50キロ先の飯舘村まで含まれている**と思います。

調査は警戒区域半径20キロ圏内の50の地点。これは適切？

すでに汚染の程度は把握されていて、私から見れば少なくとも、50キロ離れた飯舘村までは、とうてい人が戻れるレベルではありません。これは、半径ではなく、風下に含まれてしまった地域です。ですから、半径20キロの圏内であっても風下に含まれなかった地域は、1年間に20ミリシーベルトには達しないというところはあります。

しかしくり返しますが、20ミリシーベルトを許すこと自体が、法律違反です。国が罪を犯すと申しあげているわけです。

細野原発担当大臣は、国を挙げて除染に取り組み、戻れる方には戻ってもらうという話をしていましたが、除染などできません。

たとえば小学校の校庭であるとか、幼稚園の園庭であるとか、そういう土を剝ぎ取ることはできます。しかし**森林の土を剝ぎ取ることはできません**し、野原や田畑の土を剝ぎ取ることもできません。ですから、基本的には除染はできないと考えるしかない、と私は思います。

本当にお気の毒なのですが、何十年あるいは１００年、２００年という単位で帰れません。一人の人間から見れば、もう一生です。

でもそのことを国はいいません。汚い国だと私は思います。

国はどこかの地域を除染して、帰宅させる可能性もある?

一部の地域を除染して、帰宅させるということがあるかどうかは、わかりません。それをもし国がやるというなら、**国会議員の方はみなさん除染できたという土地に住んで欲しい**と、私は思います。

チェルノブイリでは、1平方キロメートルあたり、15キュリーという汚染を受けたところの住民を全員避難させました。これは、1平方メートルあたりに換算して、55万ベクレルに値すると思います。数値ではわかりにくいと思いますが、飯舘村が含まれる範囲です。その後、25年経っても帰宅できていません。チェルノブイリの現実は、もちろん国もわかっています。

もし帰れないのであれば、帰れない人たちの生活の基盤というものをどうするのか、国の責任で明確にするべきです。そして、避難所や仮設住宅などに押し込めておくのではなく、避難している人たちの生活を別の形で復興できるようにしなければいけなかったのです。本当に、信じがたい政治家・政府だと私は思います。

国の借り上げ地域は、少なすぎる？

今回、原発の周辺の地域を国が借り上げをしよう、という話になってきています。おそらく3キロ圏内、あるいはそれを少し出た地域でも、**継続して高い放射線量が計測されている地域を借り上げよう**という話のようです。

これでは、まったく足りません。少なくともチェルノブイリの基準を当てはめるのであれば、風下に入ってしまった50キロ圏内の飯舘村も対象にしなければいけません。

日本が法治国家であるというのであれば、遥かに広大な面積を買い上げなければなりません。

No.24

津波は3年前から想定されていた？

東電は3年前に、福島第一原発の10メートルの津波を予測していたそうです。どうして、何も対策が講じられなかったのでしょう？

難しい問題です。

彼らはもともと、天災でも人災でも、破局的な要因となるものは、なるべく考えないようにしようという姿勢で今日まできました。

大きな**津波がありうるとしても、できれば無視してしまいたい**、という考え方がずっとあったのだと思います。

事故直前の3月7日に原子力安全・保安院に報告されていた？

原子力安全・保安院がそれをこれまで公表しなかったわけですが、それはいつものことなのだろうと思います。

大きな津波がくるということは、もちろんありうることとして、みなさん了解していたわけです。

原子力安全・保安院のアドバイス機関に原子力安全基盤機構があります。ここが何年も前に、**津波の高さごとにブラックアウト（停電）になる確率**まで計算していたという事実もあります。それらは、自分たちにとっては都合が悪いということで、できるならば無視してしまいたいと思いながら、ここまできてしまった、というのが真相だと思います。

新しい組織の原子力規制庁はうまくいく？

もちろん、うまくいって欲しいと願います。しかし、いわゆる国というものが、一番根本的な道として**原子力を進めるのだと決めてしまう**のであれば、その中でできることは限られてしまっています。

原子力を進めるためには、最悪のことはやはり考えることはできないということになります。それは、過去もずうっとそうしてきたわけですし、これからもやはり目をつぶり続けるということになるだろうと思います。

ですから、本当に原子力などというものに手を染めていいのか、という根本を問わないまま「とにかく原子力は進める、安全は強化したい」というやり方は、私はダメだと思います。

No.25

東電の黒塗りの文書。国も同じことをやっている？

東京電力が提出した文書の大半が黒塗りされていた、ということです。小出先生は、長年こうした電力会社の文書なども見てきましたか？

原子力に関しては、いつものことです。昔からです。それは電力会社だけではありません。国が黒塗りにしたこともあります。私は、１９７３年から始まった四国電力の「伊方原子力発電所の設置許可取り消し訴訟」という案件に関わったことがあります。

それは、**国を相手とする、つまり、内閣総理大臣を相手とした訴訟**です。裁判所を通じて国側に、たびたび書類の提出を求めましたけれども、まずは拒否をされてしまいました。最終的には出てきましたが、そのときには、みんな黒塗りになっていました。「臭いものには蓋」がずっと続いているのです。

黒塗りの部分には何が書かれている?

黒塗りの部分に何が書かれているのか、それは、わかりません。サイエンスのデータですから、明らかにして困ることはないと、私は思ったのですが、**企業機密だという理由で、国が裁判所への提出を拒否**しました。裁判所が提出命令を下したのですが、それでも従いませんでした。

そうすると、国側の証拠がないわけです。裁判は、私たち住民側が勝訴するはずだと思いましたが、結局、判決は国側の勝訴でした。

裁判は、お互いに証拠を出し合って、証拠に基づいてどちらに妥当性があるかということを判断するというのが、原則だと思います。

しかし、私が関わった伊方の裁判においては、国側が立証を放棄したのです。それでも国側が勝ちました。

No.26

事故は「津波が原因」はウソ。地震で機器が壊れていた？

東電はずっと事故は津波によるものとしてきましたが、福島第一原発でベントをした時に、配管が地震で壊れていたために操作が難しくなったと指摘する社員がいるそうです。どういうことでしょうか？

東京電力は発電所が停電した、ブラックアウトになったのは、**津波で非常用ディーゼル発電機が流されたと**いうことから、津波が原因だとしてきたわけです。しかし、津波がくる前に地震によって、おそらくあちらこちらがもうすでに壊れていたということだと思います。

津波が決定的要因だったかもしれませんが、地震による損傷もあったわけです。これから日本全国の原子力発電所を動かすというのであれば、地震による損傷をもう一度考えなおさなければいけません。国や電力会社としては、何としてもそのようにしたくないという思惑で「地震は関係ない」といい続けてきているのです。

ベントが遅れなければ、水素爆発は防げた？

水素爆発はベントをした後に起きていますから、むしろベントをしてしまったということが水素爆発の引き金になった可能性すらあると思います。

しかし、**ベントをしなかったとしても、いずれにしても水素は漏れてしまいます**ので、やはり今回の事故の場合には、水素爆発は防げなかったと思います。ですから、ベントバルブの操作が、事故を悪くしたのか、少しは良くしてくれたのか、それは判断が難しいと思います。

ただ、やりたい操作ができなかったということは事実ですから、そのことに関してはきちんと検証しておかなければいけないと思います。

原子力発電所の設備の中でも耐震性が高いものもあれば、低いものもあります。安全性が重要な機器はもちろん耐震を厳しくしなければいけませんが、それほど安全性に関係ないだろうというものは、どんどん耐震性を低くしてしまう、そういう設計をこれまで原子力発電所はしてきました。

それはもちろん、お金のためです。おそらく今回のベントバルブなどは、最初から使う気がなかったわけです。要するに本当に破局的な事故があったら使おうということで、ポーズでつけたバルブなのです。

今回は、たまたま津波ということが大きな要因になったわけです。しかし、それにすべての原因を押しつけて、それを回避できるようにすれば、もう原子炉は安全なのだと、彼らはそういいたがっているようですが、そうではありません。

機械というのは、本当にいろんなところで不具合が出るものです。その問題をどうすれば解決できるか、ということがずっと原子炉の安全問題として、重要だったのです。ですから、私もそのこと、つまり**機械としての安全性・危険性が問題だということで議論をしてきた**わけです。

今、それをすべて飛ばしてしまって「津波だ」というところに議論をもっていこうとしています。ここまできて、なぜいまだに懲りないのか、私には不思議でなりません。

No.27

SPEEDI公表の遅れで余計な被曝をした住民。しかし誰も責任を取らない？

事故直後、住民の避難に役立てるべきSPEEDIの情報が官邸に送られていたものの、地下にいた官僚が5階の首相執務室に報告をしていなかったという話が出てきました。どう考えますか？

当時からSPEEDIがあるのに、どうして使わないのかと私は発言をしてきましたし、**SPEEDIの関係者は、11日から不眠不休でやっていたはずだ**と申しあげてきました。

関係者は、次々といろいろな計算をしたわけですが、結局それは、無用の混乱を招くという理由で、握りつぶされてしまったのです。

地下と5階との意思疎通がなかったと今さら言っていますが、つまり、無用な混乱を防ぐということが日本の国家にとって一番の重点目標なのであって、**住民を守るということは二の次だった**ということを示したのだと思います。

国民への情報提供も国が統制した？

たとえば、地震直後の3月12日、原子力安全・保安院の中村幸一郎審議官が、炉心溶融（メルトダウン）について会見で発言しました。「炉心溶融がほぼ進んでいるのではないだろうか」と午後2時には言っているのです。ところがその後、中村審議官は会見に出なくなりました。

保安院の院長は、発表内容を事前に官邸に伝えるように要望する声があったといっています。結局、院長から中村審議官に注意がなされ、それ以来、中村審議官は、会見から姿を消したということです。

その後、原子力安全・保安院はこの炉心溶融、メルトダウンについて、明言することがなくなりました。ですから後になって、メルトダウンということが公表されたときに、今ごろになって認めるのかと、私たちの怒りが大きかったわけです。

今回の政府の事故調査・検証委員会も、今まで聞いてきたことを整理したということなのでしょうけれども、私にとっては何を今さらという報告書でした。

それに当時の人たちは、誰も責任を取っていません。私は個人責任を取るべきだと思います。そもそも**個人責任を問わないという、事故調査委員会のありようが問題**です。情報提供がない中で良かれと思って逃げた人々は結果的に、放射性物質の濃度の高い方へ行ってしまったわけです。

飯舘村が一例です。飯舘村に向かって、良かれと思って逃げた人たちは、そこが一番汚染度が高いとは知らずに向かったのです。ひどい話です。

No.28

コメ買取りは無意味。福島の東半分は居住も農業も不可？

同じ土地で作られるコメは、年々放射線量が減るのでしょうか？

放射能自体は基本的に寿命を持っていますので、少しずつ減ると思います。しかし、個別の田んぼで見た場合、その増減は、その他の環境の条件にもよると思いますので、一概にはいえません。

たとえば、山沿いにあるような田んぼは、きっと山から汚染が流れてきて、これから汚染がどんどん増えていくということも考えられます。

一方で、その田んぼの水や土が川に流れて、**福島でいえば阿武隈川を通って、太平洋に流れる**ということも起こります。そして、そのような放射性物質はすでに観測されています。

今年基準値内でも来年はわからない？

2011年には、基準値の範囲内ということで農作物を流通させている土地も、2012年はどうか、ということはわかりません。条件は固定化されていないのです。常に動いていると考えたほうがいいでしょう。

そもそも政府は、コメを作ったらダメな地域を明確に判断せずに、農家に作らせてしまって、それを買い上げて隔離するといっています。隔離とはいったい何のことなのか、よくわかりません。

隔離したところで、それをどうするのでしょうか？　捨てるのでしょうか？　今年隔離したとしても、来年も同じようなことが起きます。要するに**古米、古古米、古古米と、たまっていってしまう**わけです。

隔離にしても、東電に買い上げさせて捨てるにしても、農家から見たら耐えられないと思うのです。せっかく作っても意味がない。そういう仕事を汚染している場所でさせているわけです。

申し訳ないことですが、そのような場所は、本当は住んではいけない場所だと思います。本来なら、国家が居住する人たちを、**農家の人たちも含めて避難をさせて、別の場所でコメを作ってもらう**ということをやったほうがいいと思うのです。

今、日本の政府は基本的なことをやらずに、汚染地帯に人々が住んでもいいといっています。避難するなら勝手に避難してください、補償はしません、という政府なのです。農家の人は作るしかない。でも作ったところで基準を超えたら、隔離になってしまう。いったいこれをどうやって考えていいのか、私にはよくわかりません。

国の指針がはっきり示されていないというのも問題ですが、本来であれば、新たに指針を作るというのもおかしな話です。そもそも法治国家であるといっているわけですから、自ら決めた法律をきちっと守るというのが国家の役割だと思います。

とすれば、福島県内の東半分はもうすでに人は住めません。もちろん農耕をしてもいけない、そういう場所になっています。日本というこの国が、自ら決めた法律を守らないことが、今の状況を引き起こしているのです。

No. 29

原子力発電所は、3分の2の熱を海に捨てている？

原子力発電は、地球温暖化対策に貢献できると聞いてきました。原子力発電はとても効率のよい方法ではないのですか？

原子力発電所というと、近代の科学の粋を集めて作ったもので、大変優れた機械だと思っているかもしれません。しかし、**原子力発電所は、大変効率の悪い蒸気機関**です。蒸気機関というのは、約200年前にジェームス・ワットらが発明した古めかしい道具なのですが、原子力発電所はその中でも、大変効率の悪い蒸気機関です。

たとえば、今日標準になっている、電気出力100万キロワットの原子力発電は、電気になっている分が100万キロワットあるという意味です。

では、原子炉で発生している熱が100万キロワットかというと、そうではありません。実は、原子炉の中では300万キロワット分の熱が出ています。そのうち使えるのが100万キロワットということです。

残りの200万キロワットの熱は、使うことができずに、捨てられています。

使えない熱はどうやって捨てる？

一体どのように捨てるかというと、実は海に捨てて、海を温めています。実際には、海から発電所の敷地の中に海水を引きこんで、復水器という部分でその海水を温めます。そして**温まった海水をまた海に戻している**のです。原子力発電とは、そうしなければ動くことができない機械です。

一体どのくらい温めるのでしょうか？　1秒間に70トンの海水を引き込んで、温度を7度上げています。莫大《ばくだい》な量です。日本には川がたくさんありますが、1秒間に70トン以上の流量を誇る川は30もありません。そんな流量の、大河と呼ぶべき川が原子力発電所の敷地にできてしまって、その大河の温度が7度上がるというわけです。

海には、もともといろいろな生き物が生きていました。魚も貝もいて、海藻だっているという、そういう海でした。そして、その**海で生きている生き物は、その海が好きだった**からこそ、そこで生きてきました。

その海の温度が7度も上がってしまうと、生きることは厳しくなります。魚はきっと逃げていきます。しかし、海藻などは逃げることができず、その場で死んでしまいます。

No.30

核分裂は止められても「崩壊熱」は止められない？

新聞に「崩壊熱」という言葉が出てきます。崩壊熱がメルトダウンの原因になるとのことですが、どういう意味ですか？

原子力発電所では、３００万キロワット分の熱を出して、そのうちの１００万キロワットが電気になり、残りの２００万キロワットは海を温めています。この３００万キロワットの発熱は、すべて、ウランを燃やすことで発生しているのではありません。ウランを燃やして発生しているのは、２７９万キロワット分です。

残りの部分は、「崩壊熱」と呼んでいる熱です。この「崩壊熱」とは、**原子炉の中に蓄積してきた放射性物質そのものが発生させる熱**です。原子炉を動かせば、次々に原子炉の中に放射性物質が溜まっていきます。その放射性物質自体が熱を出すということになっていて、それが21万キロワット分あります。

家庭で使っている電熱器とか、電気ポット、小さな電気ストーブなどは1キロワット程度です。そういうものが21万個分、原子炉の中で熱を出し続けているわけです。

何か原子炉に異常があったときにウランの核分裂反応を止めることは、比較的容易です。しかし、この「崩壊熱」は止められないのです。放射能というものをそこに作ってしまって、そこに溜まっている限り、**何をやっても止めることができない熱が原子炉の中で21万キロワット出る**のです。

走っていた車が、街中の雑踏であろうと、山の崖っぷちであろうと、ブレーキを踏んでもエンジンを切っても、止まることができない。原子力発電所とは、そういう宿命を持った機械です。

福島第一原子力発電所で起きた事故は、この「崩壊熱」を冷やすことができずに、原子炉が溶け落ちてしまったという事故でした。

No.31

原子力の世界は誰も責任を取らないルール？

「原子力災害対策本部」の議事録がないそうです。本当でしょうか？

みなさんがどのように思われるか、私はむしろ聞いてみたいです。議事録はないといっても、録音をしていないはずはありません。ですから、**議事録を作る気があれば、今からでも、簡単に作れる**だろうと思います。

もちろん、議事録を作りたくないという思惑が、一方にはあっただろうと思います。

たとえば、私は2011年の10月に、原子力学会の会長である、東大の田中知教授と原子力委員の尾本彰さんに呼ばれて、東京で会ったことがあります。

彼らは「福島原発の事故の原因をきちっと究明するために、あなたの意見も聞きたい」といってきたのです。それであればと、彼らと話をしました。

匿名での意見を求められた?

いわゆるチャタムハウスルールというのがあります。これは、証言をする人の個人の名前を伏せて、その証言が証言者の不利益にならないようにするというものです。そういうルールで、私の話を聞きたいということでした。

私はそれを聞いた途端に「それをやるからダメなんだ」といいました。個人が**自分の責任をかけて発言をする**ようなことでなければダメですし、「誰も責任を取らないような形でやってきたことが今日の事故を招いたのだ」と彼らにいいました。

誰も責任を取らないような形で、ここまで原子力という怪物が育ってしまいました。それが一切の根源だと私は思います。

No.32

20ミリシーベルト以下に除染、そこに人を住まわせてはいけない？

「50ミリシーベルト以下の地域を3年で20ミリシーベルト以下に除染」の工程表。実現は可能ですか？

今50ミリシーベルトの地域を2年間で20ミリシーベルトにすることは、おそらく可能です。今の汚染の主犯はセシウム134と137ですが、**外部被曝でいう限り、134が約7割**を占めていると私は思います。

134は半減期が2年ですから、2年経てば7割のうちの半分が減ります。つまり、3割5分しか残らないのです。3割残っているセシウム137を含めても、6割ぐらいには減ってくれるはずなのです、物理的に。何がしか除染を実行すれば、半分に減らすということは、おそらくできるだろうと思います。

そもそも20ミリシーベルトとは、どの程度の被曝？　また、人は住んでも大丈夫ですか？

そもそも1年間に20ミリシーベルトというのは、私のようなごく特殊な、放射線業務従事者と呼ばれている人間が「1年間にこれ以上浴びるな」といわれている被曝量です。原子力発電所で働いている人たちが、おそらく1年間で10万人程度いると思いますが、そのような人たちでも20ミリシーベルトを超えて被曝をするような人はほぼいない、というのがこれまでのデータでした。

ですから、20ミリシーベルトまで下げたところで、人々がそこに住んでいいのか、**子どもたちをそこで産んで、育てていいのか**と問われれば、私はもう、ダメだと思います。本来は1ミリシーベルト以下でなければならないはずなのです。

つまり、政府の公表した工程表が実現可能かといえば、可能かもしれませんが、実現をさせたところで、もともとダメなのに、どうして国がそれをダメだといわないかというのが私の不満です。

No.33

アメリカの原発が放出したトリチウム。毒性は低いが危険度は高い？

アメリカのバイロン原発が２０１２年１月30日に緊急停止、ベント時に放出された放射性物質トリチウムとはどんなものですか？

トリチウムというのは、水素の同位体と私たちが呼んでいるものです。同位体というのは、同じ元素でありながら重さが違うもののことです。この水素同位体というのは、普通私たちが水素と呼んでいるものより、３倍重い水素なのです。

トリチウム自体の毒性は？

トリチウムは、**大変低いエネルギーのベータ線**しか出しません。最もエネルギーが高いケースでも18・6キロエレクトロボルトというような、放射線としてはものすごくエネルギーの少ない、つまり危険度の少ないものなのです。

ただ、水素ですので、一度環境に放出してしまうと、回収の方法すらないのです。なぜなら水素は水になってしまいます。どんなに水を綺麗《きれい》にしようとしても、水そのものですから、もう取り除くことができないのです。

人間という生き物は、水がなければ生きられませんので、必ず体に取り込んでしまいます。細胞の中にでも、どこでも入ってきてしまいますし、有機物に化合するとDNAの一部にもなってしまうというようなものです。ですから、放射線の毒性だけではない、別の毒性もあるだろうと考えられています。

トリチウムは、かなり大量に原子炉の中でもできますので、注意をしなければいけないと、かねてから私は思ってきました。

最終的には、**地球全体の水循環の中に取り込まれていきます**ので、海全体がトリチウムで汚れるとか、そのような形になります。ただ、そこまで薄まる前に、局所的なトリチウムによる汚染というものが起こる可能性があります。

アメリカ政府は、原発が放出する蒸気の中に、通常時でもこの物質が含まれているといっていますが、それは日本でも同じです。どこの原子力発電所でもそうですが、排水処理という、廃液処理をしていて、**汚れた放射性物質を水の中から取り除いて綺麗にしている**ことになっています。しかし、トリチウムは水そのものですから、どんなことをしても取り除けないのです。

つまり綺麗になったといいながらも、トリチウムだけはどこの原子力発電所からも日常的に出てきています。普通に稼働している原発からも出ています。私がお守《も》りをしている、京都大学原子炉実験所の排水中にもトリチウムはあります。どうやっても、取れないのです。

どこの原子力発電所でも放射性物質を完璧にゼロにすることはできず、何らかの放射性物質は日常的に出さざるをえないのです。

No.34

「SPEEDIは避難の役に立たない」班目発言をどう受け止めればいい？

「SPEEDIのデータが迅速に公開されていたらもっとうまく避難できたというのは、まったくの誤解」と原子力安全委員会の班目春樹委員長が発言しました。では、どうしたらいいというのでしょう？

これまで、班目さんを含む原子力安全委員会、原子力委員会、あるいは日本の政府、原子力安全・保安院などなど「事故が起きたときにはすみやかに住民を避難させる、そのためにSPEEDIの計算コードが役に立つのだ」といいながら、**20年以上にわたって100億円を超えるお金を投入**してきたわけです。

そして、SPEEDIは事故直後にずっと稼働していました。開発をしてきた人たちが、必死でそれを動かしていたのです。しかし、班目さんがいうように、どれだけ放射性物質が出ているのかという、原子炉側の情報が入手できなかった。発電所全体が停電しているし、もう大変なパニックの中にあって、入手できなかったのです。ですから、SPEEDIが完全な状態で動いていたということはなかったのです。

ただ、不完全な状態であっても、どちらの方向に放射性物質が流れていって、どの地域の汚染が強そうだということは、もちろんSPEEDIで分かっていたわけです。データを**住民の避難のために活用することは必ずできた**と、私は思います。できなかったというのは、安全委員会が機能していなかったということです。

班目氏は「予測計算に頼った避難計画が間違っていた」とも?

ならば、今回の責任をきちっと明らかにして、誰が悪かったのかを明白にして、責めを負うべき人は、刑務所に入れるべきだと思います。予測計算を考えて避難していたら間に合わない。

発電所の事故が明らかになったら、すぐに避難するルールにすべきだとも主張していますが、そんなことをいうなら班目さんたちは、緊急時の避難地域というのを8キロから10キロで済むとずっといい続けてきたわけですから、それ以遠の人はもちろん避難もできません。浪江町の人たちが逃げた先も猛烈に汚染されていたわけですから、どちらにしても救いはありません。

すぐに**避難すればいい、といっても方向が問題**なのです。距離だけでは決まらないということは、今回、事実としてわかっているわけですから、事故が起きたら逃げなければいけないといっても、本当は逃げようがないのです。

彼らはもともと、放射線を測る測定器も含めて、すべてがダメになってしまうというようなことは想定していなかったでしょう。ですから、想定外だ、想定外だと今回の事故の後もずっと弁解しているわけです。

つまり、彼らの根本的な考え方が間違えていたということです。

3.

汚染列島で生きていく覚悟

No.35

今すぐすべて廃炉にしても生活レベルは落ちない？

脱原発って、本当に可能なのでしょうか？　原発と上手につき合うことはできないのですか？

どういう方法が上手なのか、私にはわかりません。安全な原発があると、まだ思える人がいるとしたら、私には大変不思議です。

これまで安全だ、安全だ、といってきた原発が、こんなに壊れてしまっているのが、今の現実なのです。

現実の社会の動きの中で「脱原発は不可能じゃないか」という人もいますが、それは政治家と経済界が賢くなればいいだけの話です。あまりにも愚かです。

少なくとも**電力供給に関していうなら、原発はまったく必要ない**と、私はすでにデータをつけて示しています。それは、政府も経済界も知っているはずです。

断言しますが、今すぐ原発をすべて廃炉にしても、電力的には生活水準は落ちません。あとは、これまで**発電所の周辺で補助金を頼りに生活をしてきた人たち、雇用をそれなりに供給されてきた人たち**、それらの人たちをどうやって守っていくか、ということが残ります。しかしそれ以外には、ほとんど困ることはありません。電気代も安くなります。

みなさんどう思っているのでしょう。一度事故を起こしたら、日本全土が潰れてしまうような被害が今、目の前で進行しているのです。

それなのにまだ、原子力という怪物は必要なのでしょうか？　ほかの発電方法もあるのです。

No.36

原発は電力会社が儲かるだけ。やめれば電気代は下がる？

野田政権は、電力需要の高まる夏に向けて原発を再稼働させたいのではないでしょうか？

私はもともと、自分でデータを持っているわけではありません。政府の統計局のデータに基づく限り、**原子力発電所を全廃しても電気が足りる**と主張しているのです。つまり、野田さんのお膝元のデータで私はモノをいっているわけで、それを覆すようなことを野田さん自身がいうということは、どういうことなのかと、思います。

東電社長も、電力料金を値上げせざるをえないと発言？

東京電力の社長の話も、呆れたものです。今回の原子力発電所の事故で、一体どれだけの被害が生じるのか、それをもし原子力発電所の電気料金に上乗せするとしたら、いったいどれほどの上乗せになるのか、まずは東京電力の社長に考えて欲しいと思います。

原発は安いエネルギーであると、コストが非常に安く抑えられるといわれていましたが、「それがそもそも間違いだった」ということを、立命館大学の大島堅一さんが、電力会社の実際の経営データ、有価証券報告書に基づいて、すでに立証してくれています。ですから、その議論をする必要はないと思います。

つまり、原子力が一番高いのです。

原子力発電は一番コストが高い？

私は**原発をやめると、電気料金が下がる**と主張しています。

それは、一番高い発電方法を電力会社が好んで使ってきた結果が今の料金だからです。原子力発電というような一番高い発電方法をやめれば、もちろん安くなるのです。

火力発電にすれば、燃料費は払うわけですが、その燃料費を計上しても、なおかつ火力発電は、原子力より安いのです。

また、揚水発電所というものがあります。これは「原子力発電所で余った電気を使うためのみに作られた発電所」と、私は主張してきました。その揚水発電所は、ほとんど動きません。なぜなら原子力発電所の電気が余ったときだけに動くわけですから。しかし、建設費はそれなりにかかっています。発電単価が非常に高いのです。揚水発電の発電単価は、そもそも原子力発電を行うために必要になっているわけですから、さらに原子力発電の発電単価に上乗せすると、原子力発電の発電単価は格段に高くなります。

これまでの計算方法では、揚水発電のコストなどまったく乗せられていません。ただそれを乗せなくても、なおかつ原子力は高いのです。原子力発電の発電単価は、他のどの発電単価よりも高いのです。

つまり、経済的メリットはなくともそれでも電力会社が原子力に固執するのは、どんなに**原子力の単価が高くても、電力会社は儲かるという仕組みがあった**からです。

電力会社というのは、電気事業法で電気代を決めろと書かれているわけです。どんなに高い電気代でも売ることができました。そして、**高い発電所を作ってしまうと、それだけで、利潤が膨れ上がる**というような電気事業法の定めがあったのです。電気事業法という法律が、そうなっていたのです。

しかし、原子力が高いということは歴然とわかっているわけですし、電力会社の経営陣も正常な経営感覚を持って、原子力から撤退すべきものだと私は思います。

大島教授の試算では原子力発電が一番高い

政府は、2004年に原子力発電、火力発電、水力発電の発電コストを発表しています。これを基に電気事業連合会は、原発は他の電力と比べて「安い」「原発は高くない」と宣伝し続けています。

しかし、政府の発表には重要なごまかしがいくつもあります。

1●政府の計算は「実績」ではなく、「モデリング」

政府の計算は、実際に電気を作るためにかかったコストではありません。政府の計算は、あくまでも、仮定にもとづくモデリングなので、実績のコストとはかけ離れています。

2●揚水発電のコストを加算しないごまかし

日本は原発への依存度が高く、**発電量の調整のために揚水発電を用いる**仕組みになっています。夜、電力需要が少ないときも原発は昼間と同様にフル回転しています。

そのため電気が余ってしまい、この余った電気を山の斜面に持ち上げ、需要が多いときに落として発電する揚水発電がセットで必要です。このコストが加算されていません。

3 新しい原発にかかる高いコストの平均化によるごまかし

原発のコストには、古い原発と新しい原発が一緒に入っています。比較的**コストの安い古い原発とコストの高い新しい原発**を一緒にすることで、コストを平均化しています。

4 原発特有のバックエンドコストを過小評価

バックエンドコストは、廃炉や廃棄物の処理費用のことで、原発の使用済み核燃料を再処理する時の積立金です。つまり、今の全量再処理政策（原発から出てくるすべての使用済み核燃料を再処理してプルトニウム・ウランを取り出す政策）を行うための積み立てです。

しかし、全量再処理の道をとるために実際かかってくるコストが格段に過小評価されています。

5 ● 政府からの資金投入を見せていない

原発は政府から（つまり税金から）の資金投入をたくさん受けています。それがなければ原発は成り立ちません。それをコストとして見せていません。

以上の結果から、原発がスタートした1970年から現在まで、どの時期を見ても、原発はいつも**火力よりも、そして一般水力よりもコストが高かった**のです（グラフ参照）。

1970〜2007年度の発電コスト

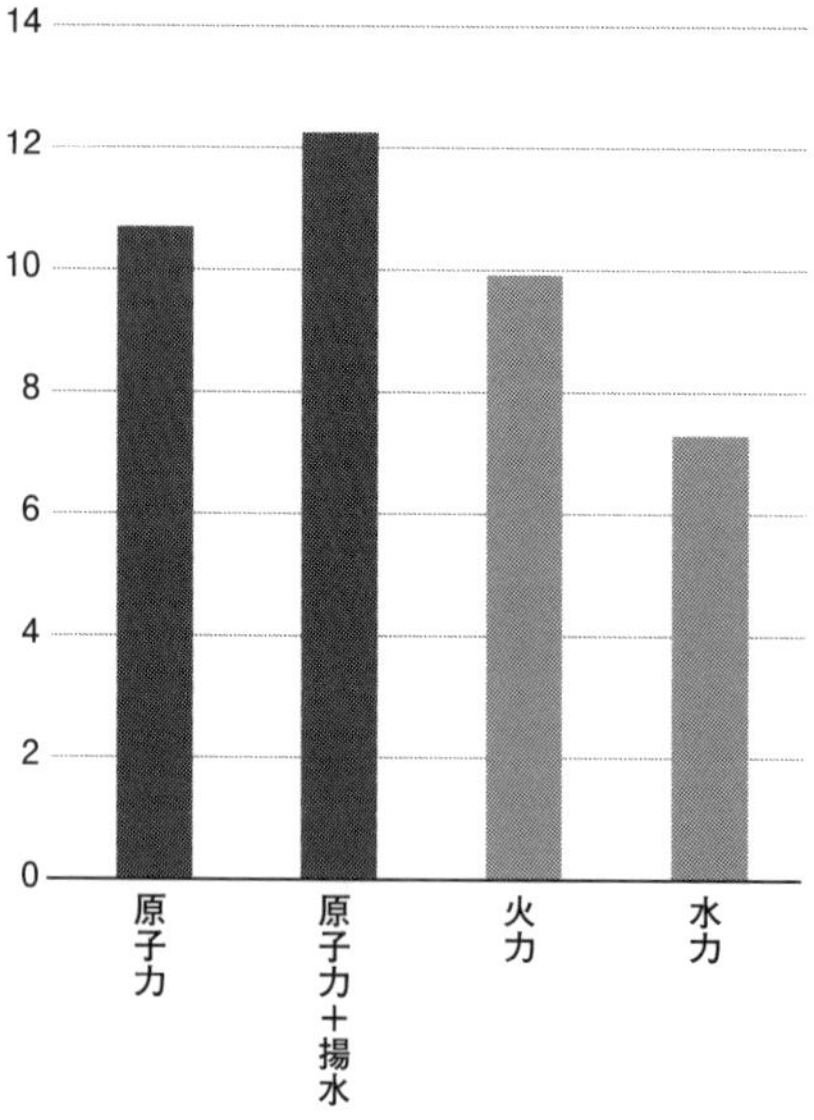

No.37

汚染のない食べ物などない。責任に応じて分配すべき？

放射能汚染された食べ物は、食べるべきなのでしょうか？

もちろん、放射能というのは危険ですから、本当は食べてはいけないものです。私も、もちろん食べたくありませんし、どなたにも食べさせたくありません。

しかし、福島原子力発電所の事故は、事実として起きてしまったのです。噴き出してきた放射性物質は、福島県を中心に日本全土に広がっています。もう一言いえば、**世界中にまき散らされてしまった**のです。

それらをすべて拒否するということは、私たちには「許されない」というより「できない」のです。汚染された食料がこれからどんどん出回ってくることになります。

その食料を一体どのように取り扱えばいいのか、ということに私たちが向き合わなければいけないのです。

私は、こうなった以上は仕方がないので、責任のある人たちが、責任の重さに応じて、汚染した食べ物を食べるような仕組みを作らなければいけない、といってきました。

責任のある人といえば、もちろん**東京電力の人とか、国のお役人、原子力委員会、原子力安全委員会の学者たち**も含めて、今回の事故に責任のある人はたくさんいます。そのような人にはまず、猛烈な汚染食品を受け持っていただきたいと思います。

この事故を許してきたというか、原子力をここまで見逃してきた日本人の大人というものも、それなりの責任があると思います。ですから、大人の人は甘んじて汚染食品を受け入れてください、と私は申しあげてきました。

汚染されたものは嫌だという反発も?

もちろん、「汚染されたものは嫌だ」という人もたくさんいます。「汚染されたものを食べるなどということはけしからん」ということで、私はたくさんの方から怒られてきましたし、一度しっかりとした議論をしたいと思ってきました。

汚染されたものは東京電力に買い取らせて、廃棄すればいいと、そういう意見の人はたくさんいます。しかし、**農業を営む人、酪農を営む人の立場を考えれば、捨てることがわかっていながら、生産物を作ることなどできない**と、私は思います。

捨てるための仕事はできないと思いますから、作ったものは受け入れて、分配するしかないと私は思います。ここで、分配というのは、責任の度合いによって責任に応じて引き受けるようにするシステムを作るべきだということです。

ただ、その前に、やらなければいけないことはあります。東電には、汚染した生産物を買い取らせるということよりも、汚染の検査をしっかりやるという責任を取ってもらいたいと思っています。

まず検査をやって、どういう食べ物がどれだけ汚れているか、どの地域のものがどれだけ汚れているか、ということを広範に明らかにする。調査を行い、汚染の度合いを知ったうえで、現状と向き合うということがいいと思います。

汚染されていない食べ物はある？

みなさんはまだ汚れていない食べ物が、まだまだたくさんあるような気がしているかもしれません。しかし、「汚れていない」というものはありません。

もちろん「限りなく汚染が少ない」というものはあります。しかし、世界中すべてが汚れてしまいました。ですから、**汚染の少ないものから、猛烈に汚れているものまで、連続的にある**だけなのです。

一定のラインから上を除外するということはあるかもしれませんが、上を取り除いたとしても、それ以下のものはずっと連続的にあるのです。汚染された食品をどうやって分配するかということだけが、私たちに選択できることです。

No.38

体内に取り込んだセシウム、そのエネルギーはすべて体内に？

放射性物質には、さまざまな種類があると思います。しかし、問題になるのはいつもセシウムのようです。どうしてですか？

ウランが核分裂反応を起こすと、およそ200種類の核分裂生成物という放射性核種が生まれます。そのうち、今問題になっているのは、セシウム134と137。そして事故の当初は、ヨウ素という放射性物質が問題になっていました。

なぜ、それらの放射性核種だけが、ことさら問題にされるのか。答は、これらの放射性核種が原子炉の事故のときに「環境にとても逃げてきやすい」という性質を持っているからです。

ただ、**セシウムやヨウ素より、もっと逃げてきやすい放射性物質**もあります。それは希ガスと呼ばれている、一群の放射性核種です。

たとえば、キセノンとかクリプトンとか、私たちが希ガスと呼んでいる一群の放射性核種があります。それらは完全にガス体ですので、事故が起きると、原子炉の中に入っていたほとんど全量が環境に出てきてしまいます。

ですから、事故の当初は、希ガスが問題になった時期もあったはずなのです。しかし、希ガスというのは**完全なガス体で、仮に人間が呼吸で吸い込んでも、人体の中には蓄積しない**のです。すぐにまた出ていってしまいます。

風に乗って流れてきても、地面に沈着することはありません。そういう性質を持っていますので、事故の本当の当初だけにしか問題にならないのです。また、危険性があまり大きなものでもありません。

以上のような事情から、事故の当初に問題になるのは、希ガスを除けば、ヨウ素ということになります。そして、その後、長期間にわたって汚染を広げて、食べ物などを通して被曝をさせるという意味で、セシウムが一番問題になるということなのです。

ほかに、ストロンチウムやプルトニウムという放射性物質もあります。しかし、環境に出てきた量でいえば、圧倒的にセシウムが多いので、基本的にみなさんはセシウムという放射性物質に注意を払って欲しいと思います。

放射性物質から出るアルファ線、ベータ線、ガンマ線とは?

セシウムという放射性核種は、もともとベータ線を出します。134も137も同じです。そして、さらにガンマ線も出します。

アルファ線やベータ線は、ちょっとした障害物があれば突き抜けることはありません。たとえば、アルファ線の場合には、紙があれば、それを突き抜けることができません。ベータ線はノートでもいいですし、机でもいいですし、さえぎるようなものがあれば、突き抜けてくるということはありません。ですから、**外部からの被曝という意味で考えるなら、ガンマ線だけが問題**です。

一方で、ベータ線を出す、あるいはアルファ線を出す放射性物質は、体の中に取り込んでしまうと、放射線が体の中にすべてエネルギーを落としますので、むしろ危険が大きいということになります。ですから、注意の仕方が異なるということになります。

No.39

緩すぎるコメの規制基準値。子どもに食べさせて大丈夫？

主食として毎日食べるコメも、他の食品と同じ基準で大丈夫なのでしょうか？

これは、もちろんおかしいのです。たとえば1986年のチェルノブイリ原子力発電所の事故があったときには、輸入食料に対して、1キログラムあたり370ベクレルという基準を決めたのです。

しかもその数値は、「輸入されてくるものなど、たいした量ではないから370ぐらい許してもいいだろう」ということで計算された値でした。

当時に比べれば、**500ベクレルという暫定規制値は遥かに緩くなっていた**わけです。規制値自体が高くなっていますし、山ほど食べるコメですから、影響は大きいわけです。いうまでもなく内部被曝の恐れにつながります。

どのくらいの規制値が妥当？

私は何度もいってきましたが、環境はすでに汚れてしまいました。そこで農業者の人たちが被曝をしながらも働いています。汚染した食料といっても、要するに程度の違いがあるだけなのです。

比較的汚染が高いものから、比較的汚染が低いものまで、さまざまなものが出てくるわけですが、**農業者が作ってくださるものは、すべて受け入れるしかない**と、私は主張をしています。どこかに規制値を引いてそれより上はダメ、それより下はいいというような考え方を、私はとりたくないのです。

ただ、子どもの場合は別です。

福島の原子力発電所事故が起こる前、コメの汚染度は1キログラムあたり1ベクレル以下だったのです。

子どもたちには、そういうものを与えるべきです。500ベクレルなどは、もちろん論外ですし、2012年の基準値である100でも論外、10でも論外だと私は思うのです。

しかし、すでに、かなりのものがそういうレベルで汚染されてしまっています。ですから、必要な対策は、**きちっと測定をして、それを公表し、汚染の少ないものを子どもたちに回せるようなシステムを作らなければいけない**ということです。

No.40

お茶からも放射性物質。このまま飲み続けて大丈夫?

毎日何度も飲むお茶。茶葉からもセシウムが検出され、不安です。これまでのように、飲み続けて大丈夫でしょうか?

放射能に関しては、大丈夫という言葉を使わないでください。放射能に被曝をするということは、どんなに微量であってもそれなりの危険はあります。ですから大丈夫ということはありえないのです。どこまで我慢ができるかということで、お一人お一人に判断していただくしかありません。

お茶はどれも汚れています。1キログラムあたり100ベクレル、200ベクレルというのはもうあきらめるしかないと私は思います。

それなりの危険はありますが、**お茶というのはやはり日本人にとっては必須**というか、それを断つということはなかなか難しいでしょうから、ある程度我慢をしながら飲むということしかできないのではないかと思います。

牛乳からも微量の放射性物質。どうすればいい？

お茶と同様、大丈夫ということはありませんが、牛乳というのもそれなりに必要な栄養源だと私は思いますので、なるべく、子どもには、汚染の少なそうなものを選んで欲しいと思います。

大人が飲むという限りは、もうあきらめるしかないと思います。

ただ、買うときにどのくらいの汚染があるのかわかりません。

注意できるとすれば、なるべく産地を見ながら**子どもには東北地方、あるいは関東から出ているものは与えない**ようにして、できれば九州とか、そういうところのものを与えるほうが私はいいと思います。

No.41

放射線測定器を買いたい。どうやって選べばいい？

放射線測定器を買いたいと思います。しかし、どの商品がよいのかわかりません。何を基準に選べばいいのでしょうか？

はっきりいえば、どれでもいいです。というのは、どれでもダメだということでもあります。みなさんが買えるような放射線測定器というのは、何万円か高いものであれば何十万円かもしれません。いずれにしても**簡易型の放射線測定器**です。それで放射線を測定するということは、それなりに大変なことなのです。きちんと測定するためには、専門知識が必要です。

みなさんが買えるような簡易型の測定器を、今ここに10個並べるとすると、すべてが違う値を示します。みなさんは、放射線測定器を買って、たとえば「1時間あたりここで1マイクロシーベルトという数字が出た、大変だ」というような使い方をするわけですが、そういう使い方をして欲しくない、と私は思います。

簡易型の測定器は役に立たない？

使い方によっては役に立ちます。たとえば測定器をひとつ買ったとします。それを使ってたとえばテーブルの上で測ってみる。そして、違う場所で条件を揃えて測ってみる。そのようにすればどっちが高い、どっちが低いという、相対的な情報は得られると思います。

ですから、道路であれば、道路の上の1メートルのところで測定し、別の道路で同じく1メートルのところで測定するというように、条件を同じにして測ればどちらが高いのか低いのかはわかります。このように使用することで役に立つと思います。

また、それぞれの家庭で、たとえば庭の真ん中、庭の端、あるいは雨樋《あまどい》の下と、場所を変えながら測っていけば、**どこの汚染が強いのかという目安にはなる**と思います。

No.42

内部被曝の測定は難しい? 子どもを守るにはどうすれば?

内部被曝を調べるホールボディーカウンター。機種によって結果にばらつきがあるのは、どういうことですか?

放射線を測定するということは、それなりに難しいことなのです。測定器さえあれば、簡単に放射線がわかるということはありません。ホールボディーカウンターというのも、大変大掛かりな装置なのですが、それでも、ピンキリです。それは日本製なのか、米国製なのかということではありません。どういう目的で使う測定器なのか、ということです。ある程度の汚染がわかればいいという場合もありますし、精密に測定したほうがいいという場合もあります。測定器の**性能には、大幅なばらつきがあり、目的に応じて使用する**ものだということを理解したほうがいいでしょう。

子どもたちには、原子力を選択した責任がありません。ですから、子どもたちに責任を負わせてはいけないと思います。子どもたちに関しては、**できる限り精密な測定をして、将来の発病に備えるべき**だと思います。

ぜひとも、検出限界の低い、微量な汚染まで検出できる測定器を使って欲しいと思います。

No.43

出荷できないコメは東京電力の社員食堂で食べる?

福島県はコメの安全宣言をしましたが、その後も1キログラムあたり500ベクレルを超える放射性セシウムが検出されました。安全性を、どう考えればいいのでしょうか?

環境というのは、実験室で実験をするように均一な条件はありません。汚染の強い田んぼもあれば、低い田んぼもあると思います。そして、どういう肥料を使っているかによっても、コメに移るセシウムの量が変わってきます。

今回の数字については、私はちょっと高いなという印象を受けましたが、やはり高い場所はあると覚悟しなければいけないと思います。

ひと口に**福島県内の田んぼといっても、広大**です。抜き取りであちこち何か所か測ったところで、そこからこぼれ落ちてしまうものも、もちろんあるわけです。本来であれば、もっときめ細かく検査しなければいけないことだと思います。

福島県知事の安全宣言はどう考えればいい？

知事としてはもちろん、安全宣言をしたいでしょう。このまま行けば、福島県の一次産業は崩壊・壊滅の危機に瀕してしまうわけです。何とか安全だと言いたいという気持ちはわかります。しかし、残念ながら簡単には行かないだろうと思います。

今回政府は、問題となったコメを出荷停止にすると決めました。現実にはそうするしかないと思いますが、私は**出荷停止というより、むしろ東京電力の社員食堂に回せばいい**と思いますし、国会議員の議員食堂にも回して欲しいぐらいに思います。せっかく農家が作ってくれているお米ですから、出荷停止して廃棄するような方策には、私はして欲しくないのです。

No.44

粉ミルクからセシウム検出。30ベクレルは安全なの？

明治の粉ミルク「明治ステップ」から、1キログラムあたり最大30・8ベクレルの放射性セシウムが検出された、というニュースが2011年12月にありました。この値をどう考えますか？

これは仕方がないだろうと思います。明治の説明によると、事故の前の牛乳を使ったそうです。

そうすると、混入過程がどうだったのかということになります。私は粉ミルクをどうやって作るのか、よく知りません。

聞いた限りでは、**乾燥させるときに外部の空気を吹きかける**らしいのです。

どのようにセシウムが入ってきたのかを、突き止めなければいけません。

母乳にも一時期セシウムが検出されていたそうです。そういう意味では、赤ちゃんのいる母親は大変な心配をしてきたでしょうし、母乳を与えないで粉ミルクに変えたという人もいるでしょう。

ところが、**粉ミルクを与えたら余計に被曝をしてしまう**という現状になってしまっています。

やはり、いったい何がどこまで汚れているのかということを、しっかりと測定して、しっかりと伝えるということが必要なのだと思います。

1キログラムあたり30・8ベクレルなら飲んでも大丈夫?

みなさん心配なわけですから、大丈夫なのか、安全なのかと、それが一番気になるでしょう。しかし、何度も申しあげていますが、放射線の被曝に関しては、大丈夫だといえる量、安全な値はありません。

30ベクレルという値であれば、それなりに危険です。国が定めた基準は200ベクレルですが、それもそれなりに危険だと思わなければいけません。

粉ミルクにこういう汚染物質が入ってきているということ自体が、私は問題だと思います。何とか少なくして欲しいと思います。

ただし、1キログラムあたり30ベクレルという値が、何か途方もなく危険なのかといえば、私はそうではないと思います。

赤ちゃんが飲むミルクの量というのは限られていますし、粉ミルクはもともと薄めて飲ませるものですから。1年間飲み続けたとしても、30ベクレルの10倍、20倍というぐらいしか飲まないはずです。

それを飲んだことによる被曝量も、おそらく1マイクロシーベルトとか10マイクロシーベルトとか、そういう値にしかならないはずだと思います。

内部被曝ですから、評価によってずいぶん幅がありますし、注意はしなければいけません。しかし、今現在、すでに大地そのものが汚れてしまっていて、食べ物にかかわらず、被曝量が1年間に1ミリシーベルトを超えてしまう人たちがたくさんいるわけです。ですから、このことだけに目を奪われるということもまた正しくないと思います。

本当は**乳児の場合、限りなくゼロが望ましい**と思いますが、すでにセシウムがゼロである食べ物というのはありません。赤ちゃんのためであっても、もう無理なのです。事故の前のものであれば、かなり低いわけですが、それでも厳密なことをいえば、過去の大気圏内核実験の影響を受けていない食べ物はありませんし、チェルノブイリ原子力発電所の事故の影響もいまだに引きずっているわけですから、完璧にゼロであるということはありえません。

文部科学省が学校給食の食材の目安を40ベクレルに？

どんな数値でも大丈夫ということはありませんから、どこまで子どもたちを被曝から守れるかということです。私たち大人が、できうる限り子どもには被曝を押し付けるべきではないと思いますので、限りなくゼロに近づけたいのですが、現実ゼロにはできないわけです。

それでも、できる限り汚染の少ないものを与えたいと私は思います。しかし放射能の汚染検査ができる測定器の数や、使える時間は限られています。今現在、全国の学校給食を測ろうとしても、本当に低い汚染まで測れるような体制がまだとれていません。

ですから、**1キログラムあたり40ベクレルというものを検出する**のが、今のところ精一杯だという、その程度の段階でしかないのです。

しかし、私としては、本当はもっともっと低い汚染まで測定しなければいけないと思いますから、**測定体制を早急に強化して欲しい**のです。

No.45

花粉の時期に子どもにマスクを着けさせるべき？

杉からセシウムが花粉に移る割合は、10分の1だという話を聞きました。花粉の時期に、子どもたちにマスクの必要はないのでしょうか？


花粉に行く割合が、本当に10分の1かどうか私は知りません。

ただ、10分の1になったら影響がないなどという論理は成り立ちません。10分の1になれば10分の1の危険があります。仮に10の1になったとすれば、比較的良かったとは思います。

子どもというのは大人に比べれば何十倍も放射能に対する感受性が強いので、**花粉の飛散時にはマスクはすべき**だと思います。

No.46

有機農法よりも化学肥料の野菜のほうが汚染は少ない？

これまで有機農法で作った野菜のほうが、化学肥料で作った野菜よりも良いと考えてきました。しかし、土壌が汚染されてしまった今、どちらが汚染が少ないのでしょうか？

不注意な発言はしたくありませんが、有機農法で作られる野菜は、放射能に関しては汚れていると思います。なぜなら、**有機農法はこの地球という生態系の力を信じて作る方法**です。私は、大変いいことだと思っていますし、発展して欲しいと思っています。

しかし、この地球自身が放射能で汚れてしまったときには、有機農法で作られる食べ物が汚れてしまうということは、避けられないことです。

それに比べて、化学肥料で作る農業というのが今一般的になっていますが、化学肥料というのは、たとえば、窒素、リン酸、カリです。カリ肥料というのは、何から作っているかというと、地下深くに埋まっている岩塩という塩を掘り出してきてその岩塩からカリ肥料を作り出します。

岩塩は地下深くに眠っているがゆえに、人間がばらまいた放射能で汚れてはいないのです。

ですから、有機肥料という地球の表面の力で育てる作物に比べると、**地下に眠っていた岩塩で作ったカリ肥料**で育てた野菜は、汚染が少ないということが、原理的にはいえるでしょう。

No.47

1兆円使った「もんじゅ」は1キロワットも発電していない?

高速増殖炉「もんじゅ」は、そもそも夢の原子炉と呼ばれていたそうですが、なぜそう呼ばれていたのですか? どれくらい危険なのでしょうか?

石炭や石油などの化石燃料はいずれ枯渇する、原子力が未来のエネルギー源だと聞かされ、私自身、それを信じて原子力の場に足を踏み込んだのです。45年ほど前の話になります。

ところが、実際には、原子力の燃料であるウランは、大変貧弱な資源で、すぐになくなってしまうものだったのです。そこで、原子力を推進する人たちは、ウランだけではどうにもならないので、**プルトニウムという物質を作り出し、それを原子力の燃料にする以外にない**、と思いついたのです。

ただ、プルトニウムという物質は、自然界にはありません。高速増殖炉という原子炉の大型のものをたくさん建設し、そこでプルトニウムを作り出し、何とかエネルギー源にしたいと思ったのです。1940年代に気づき、そこから開発に着手したわけです。

そして、高速増殖炉「もんじゅ」は、1994年、臨界に達し、稼働を始めました。しかし、動いた日はたった二百数十日間。1キロワットの発電もしていません。結局、何の発電もできないまま止まってしまいました。そして、14年以上も止まったままでした。開発には1兆円かかり、さらに**停止している間にも維持費が年間二百数十億円かかる**のです。

高速増殖炉という原子炉は、原子炉を冷却するための冷却材として水が使えません。物理学的な宿命があって、「もんじゅ」の場合には、ナトリウムという物質を冷却に使っています。

ナトリウムは70度より温度が下がると、固体になってしまいます。そうなると、ポンプで流すこともできませんし、冷やすこともできません。固体になってしまうと体積が変わってしまいますので、原子炉の構造自体が壊れてしまうということにもなります。ですから、四六時中、温め続けなければいけないのです。

そもそも「もんじゅ」は、発電のための原子炉ですが、自分では発電できませんし、電熱器で膨大な電気を使いながら、ナトリウムを温めるという仕事をずっとしてきました。電気を作らず電気を使い続けてきたのです。

そして、２０１０年に運転を再開しました。しかし、みなさんに考えていただきたいのです。家庭で14年間も使わないまま置いておいた電気製品を、もう一度使おうという気が起きるでしょうか？

日本という国は、文部科学省といったほうがいいかもしれませんが、何としても「もんじゅ」を動かすといって、実行しようとしたのです。ところが、その途端にまた事故を起こして、また止まってしまったというのが現状です。

「もんじゅ」自体の危険性は？

「もんじゅ」という原子炉の燃料はプルトニウムという物質です。プルトニウムは、**人類が遭遇した中で最悪の毒物といわれるほど危険**です。１００万分の１グラムを吸い込むと、人間一人が肺ガンで死ぬという、それほどの毒物です。

それを何十トンも原子炉の中に入れて動かすというのが、「もんじゅ」という原子炉です。何と表現すればいいのかわからないほど、巨大な危険を抱えたものです。

もともと、原子力に最初に着手したのは米国ですが、世界で最初に電気を発電した原子炉は、実は高速増殖炉なのです。EBR2という原子炉で、1954年から稼働しました。

しかし、発電はしたものの、すぐに事故を起こして止まってしまいました。それ以降も、米国は「何とか高速増殖炉を動かしたい」ということで、たくさんの原子炉を作りましたが、すべて事故を起こし、停止してしまいました。結局、**米国は高速増殖炉計画から撤退してしまった**のです。

イギリス、フランス、ロシアも米国に追随しようとしました。一番、力を入れていたのはフランスです。出力が120万キロワットという巨大な高速増殖炉を作りました。スーパーフェニックス（超不死鳥）という名前まで付けましたが、結局それもほとんど動かないまま、計画は潰れてしまいました。

結局、ほとんどすべての高速増殖炉で今現在、動いているものはありません。今、中国が作るとか、インドがまったく別の高速増殖炉を作るとか、いろいろな話がありますが、基本的にはもうできないと思っていいかと思います。

日本が「もんじゅ」にしがみついている背景には、既得権益といいますか、原子力を推進しようとする人たちの利権構造があるでしょう。

しかし、それだけではなく、高速増殖炉という原子炉を少しでも動かすことができると、エネルギー源になるかどうかは別として、**超優秀な核兵器材料が作れるという性質**を持っています。

No.48

福島第二原発の敷地を核のゴミ捨て場にするしかない？

汚染されたがれきを最終的にどこに持っていけばいいと思いますか？

今現在、きちんとしたプランがないまま、最終処分場は作れません。約束した人は30年後に生きているのでしょうか？　民主党はないかもしれない、自民党もないかもしれない。わけのわからないことを何か政治的な約束にするようなことをもうやめなければいけないと思います。おそらく、**どこも引き取り手がなく、双葉郡に残す**ことになるのではと私は思います。

中間貯蔵施設を双葉郡内に作るのは避けられない？

そんなことはないと思います。国が今いっている除染ということは基本的にできないと、私は主張しています。放射能をなくすことはできませんし、その汚れをどこか別の場所に移すことしかできないのです。ただし、部分的には急いで除染をしなければならないところもあります。たとえば放射能の影響を受けやすい子どもたちが遊ぶ場所、学校の校庭とか、幼稚園の園庭とかです。

その汚染を移す場所を、どこかに作らなければいけないのです。では、移転地をどこに作るかということですが、猛烈に汚染してしまって二度と人々が帰れない地域のどこかに核のゴミ捨て場を作らなければならないということはあるわけです。本当に無念なことではありますが、福島第一原子力発電所の事故が起きてしまって、そのような地域がもうできてしまっているのです。

それを日本の国は、いわないまま今日まできています。

ただし、私自身は、**汚染はまず、東京電力福島第一原子力発電所に返せばいい**のだと思います。この汚染は、もともと東京電力福島第一原子力発電所にあったもので、発電所にあるべきものでしたから、れっきとした東京電力の所有物なのです。

そこにはかなり広大な敷地がありますから、そこに持って帰るというのがいいと思います。ただ、今、福島第一原子力発電所は、事故収束のために、大変な戦場になっていますので、ゴミを受け入れる余裕がないということは考えられます。

そうであれば、私は**福島第二原子力発電所に、がれきやゴミを移せばいい**と思います。東京電力が福島第二原子力発電所の再稼働を計画しているようなことを耳にしましたが、これほどの悲劇を起こしながら、東京電力がまた、第二原子力発電所の稼働を目論んでいるというようなことを、私はもう想像もできません。

少なくとも東京電力は、原子力発電をやめることを決断すべきだと思います。第二原子力発電所の敷地もまた広大ですので、そこを核のゴミ捨て場にすることがいいと思います。

No.49

沖縄国際大学ヘリ墜落事故。そこでも放射能が？

沖縄国際大学の米軍ヘリ墜落事故。そこでも放射能が？

２００４年の8月13日、沖縄国際大学に米軍のヘリが墜落するという事故がありました。そのヘリコプターは、ブレード（翼）に欠陥が生じていないか調べながら飛んでいました。墜落した米軍のヘリコプターの場合、それを調べる装置に、**ストロンチウム90という放射性物質**を積んでいました。

ストロンチウムというのは人体に非常に良くない影響を及ぼす物質ですが、ブレードの傷を調べるためには、逆に大変便利な放射性物質なのです。

そのヘリコプターが墜落して、ストロンチウム90が行方不明になりました。おそらく、周辺にばらまかれたはずです。おそらくかなりの量でした。普通の方々が吸入していいという「1年間にこれ以上吸入するな」という量に換算すれば、550人分です。そういうものがあの時、どこかになくなってしまいました。

沖縄では今でも普通のこと?

原因究明のため、日本の立ち入り調査ができなかったのは、放射性物質の存在があったからです。米軍はヘリコプターが墜落したとき、すぐにその場を封鎖して放射線検知器を持っていき、一帯を調査してヘリコプターはもちろん、**墜落した現場の土もすべて掘り起こして一切の証拠を消した**のです。

この事故によって、被曝した人がいるでしょう。一番、吸入した可能性があるのは、その現場で仕事をした米軍の人たちです。それに、その米軍を守っていた沖縄県警の人たちもまた被曝をしたでしょうし、現場に集まっていた沖縄の人たちも被曝をしただろうと私は危惧しています。

ただ、当時は、ストロンチウムについて知っている人はあまりいなかったと思います。その日の夕刊にはストロンチウム90と書いてありますが、ストロンチウムという物質の意味すら知らなかったのではないでしょうか。

この沖縄の事故は、大変なことだとずっと思っていました。

しかし、今や沖縄でのことは、問題にするにも足りないほどの膨大な汚染が、福島原子力発電所の事故で起きてしまっています。

沖縄の米軍基地と原発の問題には共通する点があるのでしょうか?

一言でいえば、弱い人たちに犠牲を強いているということです。沖縄という県は面積でいうと、日本全体の0・6%しかありません。その沖縄県に、在日米軍の75%が存在しているのです。

弱いところに、**基地が押し付けられている現状は、原発と似ている**と思うのです。原発もどんどん過疎になっていくような弱い自治体のところに、建設されてきたわけですから。

それを放置して、本土の日本人は安穏と平和を謳歌《おうか》しているわけです。鳩山さんの民主党政権は、普天間を撤去するときも最低県外だといいました。しかし、いつの間にか、また、沖縄に戻ってしまっている。本当に呆れるような無策がずっと続いているのです。

それは私が、原子力に対して40年間抵抗してきたことと同じ問題です。本当に困っている人たちに、**金をちらつかせながら、力で押し付けていくという歴史**でした。

沖縄で話したレイモンド・チャンドラーの言葉とは？

沖縄の講演ではそのことに関連して「強いことと優しいことは違う」という話をしました。米国の作家レイモンド・チャンドラーの遺作に「プレイバック」という小説があります。その中でチャンドラーが「強くなければ生きていられない。優しくなれないなら生きている価値がない」と書いています。

今、私も生きていますし、みなさんも生きていますから、それなりに強いのだと思いますが、チャンドラーは「強くても、生きている価値がない人がいる」ということをいっているわけです。生きている価値というのは何かというなら、優しくなるということだと。いったい、優しいとはどういうことなのかと、私はいつも思います。

私が今、思っているのは、「強いものに付き従うことではない」ということです。日本の政府というのは米軍に、いや**米国に付き従うのが国益**だというわけですが、まったく優しくない政府だなと思います。

そういう生き方というのはチャンドラーからすれば、生きる価値がないということになります。本当にどういう生き方をすれば、生きる価値があるといえるのかと私自身が毎日、自問しながら生きています。

放射性物質がいろいろなところに飛んでしまって、これからもさまざまなリスクを抱えた中で私たちがどう生きるか、ということにもつながっていると思います。

No.50

騙された人間には騙された責任がある

これだけの原発事故を起こして、これから日本は変われると思いますか?

私はずっと、原子力に抵抗しようと思ってきましたし、今でもそうしたいと思っています。そして、何とかこんな悲劇が起きる前に原子力をやめさせたいと思っていたのですが、残念ながらできませんでした。

原子力の場にいながら、**原子力をやめさせられなかったという責任**が私にあるだろうと思います。

でも今まで、私がどんなことをいっても、みなさんには届かなかったのです。国とかマスコミも含めて、原子力は安全だということしか流さなかったのです。普通の国民のみなさんがそれに騙されたということは、仕方のないことだと思います。

でも、騙されたから仕方がないといってしまうと、また騙されるという歴史が続いてしまいます。ですから、騙されたなら騙されたことの意味を考え責任を取る、ということをみなさんに考えて欲しいと思います。

原爆、原発事故……負の連鎖で日本は変わった？

国は今でも原子力を続ける、といっています。しかも「原子力を輸出する」とまでいっているわけですから、日本国の意思はもう明白です。変わろうという兆候すら見えません。本当に困った国だと思います。大変恥ずかしいのです、私は。

今回の事故は、人災だという意見があります。人災だから**人間がきちんとすれば原子力は、原発は、いいのだという理屈**です。

しかし、それであれば、まずは、やめなければいけません。なぜなら、人間というのは神ではないのです。必ず間違うときがあります。これからも必ず人災はあるのです。どんなふうに安全審査をやろうと、今もストレステストなどといっていますが、何をやっても間違えることはいつでもあります。それで間違ったときに、人災だということになるわけですが、原子力の場合はあまりにも悲惨すぎます。原発事故だけは、取り返しがつかないということが、今回はっきり証明されたのです。

やはり、もっと前にやめなければいけなかったと思います。そして、もし人災だというのであれば「いったい誰の責任だったのか」ということを、一回一回きっちりと、考えて欲しいと思います。この**福島原子力発電所の事故を防げなかったことが人災だ**というなら、いったい誰の責任だったのかということを個人の責任に戻って、明らかにして、処罰して欲しいと思います。

日本は変わる？

私は、残念ながら、日本が変わるとは思っていません。大変申し訳ないと思いますが、私は政治には本当に絶望しきっています。

歴史を見れば、政治が戦争を起こし、あるいは飢餓を招いてきました。本当に人間を幸せにした政治があったのかと考えたとき、ノーといわざるをえないと思います。

ただ、黙ってはいられません。ですから私は発言をしてきたのです。国の政治が本当に変われるかどうかと思うと、とても難しいと思いますし、やはり、一人ひとりがもっと、もっと、賢くならなければダメなのだろうと思います。しかし、本当に今、この日本という国でそうなれるのかと考えると、よくわかりません。

戦争でも、その中に巻き込まれていった国民はたくさんいます。その中で毅然と戦おうとした人は、殺されてしまいました。戦争中に生きた人々も、もう、どうしようもなかったのだと、私は思います。大きな力で、どうしようもないけれども、やはり、抵抗した人々は殺されていったのです。

しかし、今私は、原子力に反対で声を上げても殺されません。刑務所に入れられることもありません。私は声を上げ続けたいと思います。

政治に支配されない科学は実現できる?

現在の学問の世界は、おそらくそれを許さないと私は思います。

みなさんは、科学というと、**真実を求める無色透明で中立なもの**だと思われているかもしれません。

残念ながら科学というのはそのようなものではなく、社会の中でしか、発展の方向がありません。歴史の流れの中で、どういう科学だけが発展するかということは、きちっと決められているのです。

ただ、それに抵抗しようとする人はいますし、いなければいけませんし、いて欲しいと思います。そして私もその一端にいたいと思います。しかし、そう思う人たちの力が、科学の中で本当にその中立で真実を求めるものとして発揮できるかといえば、残念ながらそうではありません。歴史が物語っています。

もし真実を求める中立なものであれば、原子力発電をして事故が起こるようなことは、ありえなかったと思いますし、原爆も本当ならできなかったはずだと思います。つまり、戦争の時代の中では、**科学は戦争に向けてしか発展させられなかった**ということが歴史なのです。

弱者が虐げられてきたのが原発？

今回のことにしても、単純なことであって、弱者が虐げられているという、そのことだけです。別に放射能の問題でもなければ、原子力の問題でもない。本当に弱い立場の人たちが虐げられるということです。そのことに**私たち一人ひとりがどう立ち向かうか**という、それだけのことでしかありません。

〈著者プロフィール〉

小出裕章（こいで・ひろあき）

1949年東京生まれ。京都大学原子炉実験所助教。原子力の平和利用を志し、1968年に東北大学工学部原子核工学科に入学。原子力を学ぶことでその危険性に気づき、1970年、女川の反原発集会への参加を機に、伊方原発裁判、人形峠のウラン残土問題、JCO臨界事故などで、放射線被害を受ける住民の側に立って活動。原子力の専門家としての立場から、その危険性を訴え続けている。著書に『知りたくないけれど、知っておかねばならない原発の真実』『原発はいらない』などがある。

騙されたあなたにも責任がある

脱原発の真実

2012年4月10日　第1刷発行

2012年4月20日　第2刷発行

著　者　小出裕章

発行人　見城 徹

編集人　福島広司

GENTOSHA

発行所　株式会社 幻冬舎

〒151-0051　東京都渋谷区千駄ヶ谷4-9-7

電話　03(5411)6211(編集)

03(5411)6222(営業)

振替00120-8-767643

印刷・製本所：中央精版印刷株式会社

検印廃止

ISBN978-4-344-02167-9　C0095

幻冬舎ホームページアドレス　http://www.gentosha.co.jp/

この本に関するご意見・ご感想をメールでお寄せいただく場合は、comment@gentosha.co.jpまで。